# 江戸・東京水道史

堀越正雄

講談社学術文庫

# 目次

江戸・東京水道史

# 江戸・東京水道史

# Ⅰ　江戸の暮らしの中の水

# 一　江戸の発展と水道の建設

## 徳川氏入国ごろの江戸

江戸の古図に『元亀天正年中江戸辺之図』というのがある。これは太田道灌が江戸城を築いた長禄元年（一四五七）から百数十年を経過したころの江戸の様子を絵図に描いたものと伝えられている。図柄は道灌ごろの江戸の絵図（『長禄年間江戸之図』）をもとに作ったとされたものだけあって、ほとんどそっくりである。もとより実測図ではなく、草創期の江戸の景況を後世の人が種々考証し、想像して作ったものに違いない。

これを見てすぐ目につくのは、神田川と記入された広い池である。ここは現在の飯田橋、後楽園あたりの低地で、三方が丘で囲まれていた。当時はまだ駿河台の高台は切り割られていないで、神田台から本郷台にかけてはずっと丘つづきであったから、これらに囲まれた盆地が貯水池となっていた。その排水は神田の南部を流れて海に注いでいた。

城の西の方に目を転じると、大きく円形に描かれた赤坂溜池がある。この溜池の下流の方には、比々谷村（日比谷）がじかに海に面している。ヒビは海苔をつけるヒビだとする説も

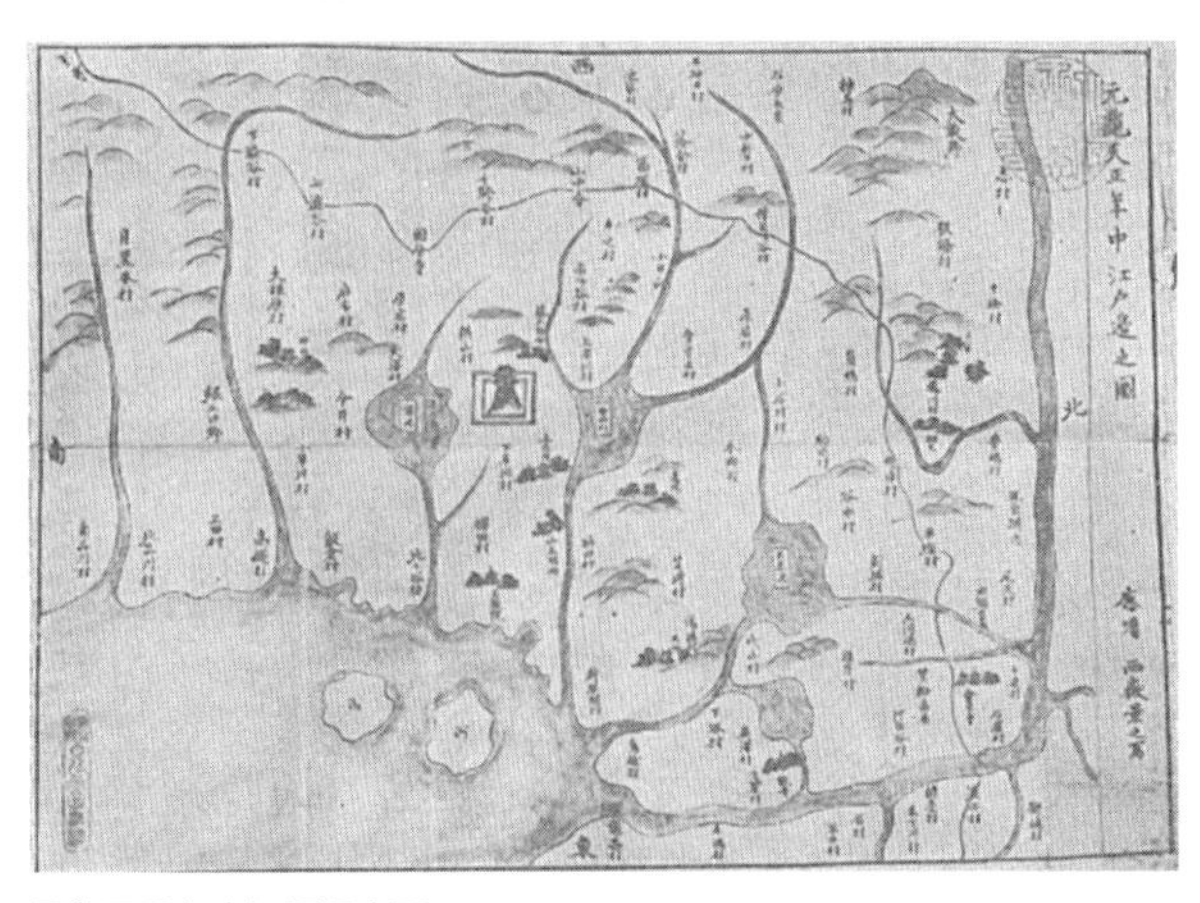


元亀天正年中江戸辺之図

あるくらいで、このあたりは松原がつづき岸には波が打ち寄せ、網を干す茅葺きの漁師の家がちらほらと点在する淋しい漁村であった。

この絵図から想像されてくるのは、今の日比谷から馬場先門あたりまで日比谷入り江が湾入しており、今の日本橋から京橋、築地へんは大部分が海で、石川島や佃島はまだ海中の洲をなしていたようである。

徳川氏入国以前の江戸は、すでに道灌居城のころの繁栄は失われて、さびれた寒村になっていた。城の東の平地の方は、どこも潮のさしひく葦原で、とても侍屋敷や町人の住居地を十町と割り付けようもない土地だったし、西南の台地の方はずっと萱原つづきで、川や沼を見ても野川の流れは台地間の低地で合して随所に池や沼をなし、その末は入り江に注いでいる、といった有り様だった（『岩淵夜話別集』）。

家康が江戸へ入ったのは天正十八年（一五九〇）八月一日で、その翌年にはしばらく雨が降りつづき、長雨のあとにはげしい南風が吹いたとき、高潮が押しよせ、そのへんの漁師村が浸水した。漁師たちは船に妻子を乗せ、家財道具を積んで、今の馬場先門あたりの畑の中の大木に船をつなぎ、食事の仕度をしているのを、お城の御番に上るときによく見かけた、とそのころの人の手記に書きのこされている（『落穂集』）。

当時の江戸の経営はなかなかに大変な仕事であった。そのころの江戸城はまだ規模は小さく、堀も狭いうえに、塀や門も低かった。そのうえ城下町といっても、今の大手町、丸の内一、二丁目の一部と浅草ぐらいなもので、わずかに百姓家があちこちに散在していた程度だった。

家康は旧領地から家臣や町人を江戸に移したが、その多人数が生活するのに適当な土地が足りなかった。そこでまず城の東側の低地に市街を開いていこうとして、堀を掘って沼沢地の水を疏通し、掘り上げた土で湿地を埋め立てるという土木工事が行われた。

このころ日比谷入り江などの埋め立てが行われ、初めて丸の内の葦原も埋め立てて、このへんの漁師村も町家らしくなった。

このとき経営された市街としては、武家の方では、今の千代田区内の代官町辺が役人屋敷、番町辺が番士の屋敷地として開かれ、町人の方では、日本橋の本町辺が町家として開かれた。

しかし埋め立て工事で城下の開拓をしても、とかく埋め立て地は井戸を掘っても塩気のまじった水で飲み水に適さない。まず水道を通じるのが急務となっていた。

家康は前もってこの点に着眼し、家臣大久保藤五郎（おおくぼとうごろう）に命じて上水を見立てさせた。藤五郎は命をうけて小石川の上水を見立てて、その水を江戸の市街に通じた。

## 下町の水道、山の手の水道

### a　新市街の経営と神田・溜池上水

大久保藤五郎が、どこの水をどのように通じたかという具体的な詳しいことは伝わっていないが、小石川目白台下あたりの流れを引いて、神田方面に導き飲用に供したものと考えられる。

この引水工事は家康の江戸正式入城に先立って着手したとされている。工期もわずか三ヵ月ほどのごく小規模なもので、工事というよりは流路の整備改修というような形のものであった。この上水は小石川上水といわれ、木樋（もくひ）を埋めて水を引いたものではなく、掘割を掘って流れを通したもので、流路も短く流量も少ないものだが、天正年中に完成した江戸における最初の上水道であった。

これが必要に応じてしだいに拡張され、入国のときはじめに町づくりをした本町辺一帯を中心にしだいに給水範囲を拡大し、のちの神田上水（かんだじょうすい）に発展していった。

藤五郎はこの上水を見立てた功によって主水の名を与えられ、水は濁りをきらうからモントと澄んで読むようにと言われたという。

駿府時代から藤五郎は菓子を作ることが得意で、家康にときどき献上していた。日ごろから用心深い家康は毒を盛られる心配のあまり、ふだんはあまり餅菓子は食べなかったが、藤五郎の作ったものは喜んで食べたというくらい家康には信用があった。小石川上水を見立てて江戸の市内に清浄な飲料水を供給できたというのも、水質を吟味し、上水の適否を判断するすぐれた感覚と資質を身につけていたからにちがいない。

神田山の切り崩しが行われたのは、慶長八年（一六〇三）三月からで、家康が征夷大将軍に任命され、江戸に幕府が開かれた年である。関ヶ原戦後ちょうど三年目のことであった。

天下の諸侯は競って江戸に邸宅をかまえようとしたが、まだ江戸の城下は狭く、江戸の発展に備えるためには大規模な市街地の拡張が必要となり、神田山を切り崩し豊島の洲を埋め立てて新市街を経営した。このとき幕府は大小名に対し、千石につき一人の割で夫役を課し（千石夫と呼んだ）、城の東南の方、芝よりの入り海を埋め立てて三十余町四方という広大な陸地にして、大がかりな江戸の町づくりをした（『慶長見聞集』）。こうしてできた市街は、さきに入国のとき経営した本町辺の市街の南につづき、日本橋、京橋から芝口にわたる一帯となった。

こうなると、まっさきに飲用水不足の対策を講じなければならなかった。ことに埋め立て工事で造成された下町の低地では、良水を得ることが困難であった。そこでこの方面への給水区域拡張のため、配水施設（木樋）の大規模な拡張と支樋の増設が行われた。この地区への給水を担当していた小石川上水は、この時分には神田上水として発展し、水源も井の頭池等の湧水に求め相当規模も大きなものとなり、神田・日本橋方面の主として下町低地の人口密集地域へ給水された。

井の頭の池の水を引くようになったのは、大久保藤五郎が武州玉川辺の百姓内田六次郎の申し出を採用し、この池の水で茶を煮て試みたところ、その水質が佳良なことを知って大いに喜び、六次郎に命じて水路を開通させたとも言われている。

神田上水は寛永六年（一六二九）ごろまでには完成されたと考えられる。

大久保藤五郎の見立てた上水は本町辺一帯、すなわち拡大された江戸の市街から見れば東北部に給水していたのであるが、西南部の市街ではそのころ赤坂の溜池の水を引いて上水として用いていた（『慶長見聞集』）。

そのころ江戸の所々は平坦でなく、谷が多かった。城の西南部では、四谷の鮫ヶ橋の谷の水が赤坂御所内の低地を通って永田町と赤坂の台地の間に溜池をつくっていた。この近辺は井戸を掘っても濁水で使用できなかったので、溜池の清水を引いて日常の生活用水としていた。

寛永年間の江戸図で『武州豊嶋郡江戸庄図』を見ると、溜池のところに、「ためいけ。江戸すいとうノみなかみ」と記してある。また明暦ごろの『新添江戸之図』にも、溜池のところに「江戸水道の水上」とあって、ここは一種の貯水池のような役割をしていたもので、このあたりの山の手地区の人びとはこの池の水を上水として利用していたことがわかる。

この溜池は雨が降りつづくと四方の谷水がここに落ち合って水かさが多くなった。この備えに堤防がつくられ、柳を植えて水防の助けとしたので、ここを柳堤（やなぎづつみ）と呼んでいた。

そのうち溜池の周辺の町がひらけて生活汚水が流れこむようになり、また水量的にも水需要の増大で溜池の上水では足りなくなったので玉川上水（たまがわじょうすい）が引かれ、この水にかわって江戸の西南部の市街地に給水することになったのである。

溜池は明治年間まで池として存在したが、たびたびの埋め立てによって失われて市街となり、以前は赤坂溜池町と町名にその名ごりをとどめていたが、いまはその町名もなくなり、赤坂一丁目、二丁目と名もかわってしまった。わずかにバス停の名に「溜池」と残っている。

さて、慶長年間といえば家康入国以来、まだ十数年しかたっていないというのに、江戸の町はにわかに活気づいてきた。江戸町の中心の日本橋付近は、昼夜を問わず人の往来がはげしく、市もさかんに立った。

しかし江戸町の道はわるく、少しの雨でもひどいぬかるみとなり、高歯の足駄が諸人に好まれた、という。そして雨の日の江戸のぬかるみは、風の日は砂ぼこりとなって、火事とともに江戸のわるい面の特徴としてあげられる（『慶長見聞集』）。後世における江戸の町を代表するものとして、火事と砂埃と泥濘の三つは、すでに慶長のころから存在していた欠陥であった。とはいっても、江戸が大きく発展を重ねていく基盤は、慶長末年ごろまでに固く築かれていたと考えられよう。

### b　江戸の膨張と玉川上水開設

慶長十四年（一六〇九）、スペイン人ドン・ロドリゴ・デ・ヴィヴェロが江戸にきた。前にルソンの太守をしており、日本に漂着した者である。ロドリゴは『日本見聞録』にその当時の江戸を生き生きと書きとめている。

それによると住民はまだ京都や大坂ほど多くなく、江戸の居住人口を一五万人位と見ている。

家屋は木造で二階建てのものもあり、外観はスペインの家屋の方がまさっているが、内部は江戸の方がはるかに美しくすぐれている。また道路は清潔で誰もこれを踏まないと思われるくらいであった。

町にはみな門（木戸）があって、人と職業とによって区画し、一つの町には大工が居住し他の職業の者は一人も住んでいない。他の町には靴工や鉄工、縫工などが住んでいて、商家もある、ということである。

また、慶長十八年（一六一三）にイギリス東印度会社の使節として来日したジョン・セーリスの『日本渡航記』の中に、江戸の町並みについての所見が述べられている。それには江戸の建築がすぐれて立派で壮観なことが目についたこと、そして街路には五〇歩ごとに一つの井戸があって、砂石できわめて頑丈に組み立ててあり、近所の者が水を汲むため、また火災のときの備えにツルべが添えてあった。この街路はイングランドにおける街路のどれにも劣らず大きい、ということであった。

もしも江戸の都市環境が、その後の都市計画によって多少の改変はあったにしても、慶長年間のころの発展程度にとどまっていたとしたならば、あるいは神田上水と溜池から引いた上水だけで、江戸の給水源はこと足りていたかも知れない。

ところが江戸は政治の中心地となり、大規模な都市域の拡大と、これにともなう人口の急増で、非常な繁栄をきたすようになってきた。とくに三代将軍家光(いえみつ)の寛永年間、諸大名の参勤交代の制度と、大名の正妻嫡子の江戸在府の制度が幕府の政策としてとられてから、江戸の繁栄は決定的なものとなった。

やがて全国二百数十の大名はみな江戸に屋敷をかまえるようになり、多数の家臣を駐在させることになった。また幕府は直参の旗本・御家人のほとんどを江戸に居住させる政策をとったので、その数もおびただしかった。こうした多数の消費階級が集中すると、その消費に応ずるために多数の町人階級も集住するようになった。かくして江戸は当時世界でも例を見ないほどの人口増加をきたすに至った。

こうなってくると、今までの上水だけではとうてい膨大な給水需要に追いつけなくなるのは目に見えてくる。

ことに溜池の上水は、水源地帯が武家屋敷内に入ってしまう有り様なので、水量的に限りがあるばかりか、水質的にも上水源として不適当なものとなっていた。そのうえ、城内や城下の武家屋敷にはまだ上水道はなく、下々ではお堀や溜池などの水を樋で仕掛けて用いているような不自由極まりない状態であった。

当時、二代将軍秀忠のころ、細川忠興が西の丸の後見人にすすめられたが、これを断ったところ、それを聞いた藤堂和泉守高虎は、明年早々入府して御請けされたらいかが、と勧めた。忠興はこれを聞いて、「和泉のたわけ奴、あの江戸の泥水を飲んでおれるものか」といった（三上参次著『江戸時代史』上巻）というようなエピソードも伝えられているほどで、江戸も地域によっては非常に水の便の悪い地区ができていた。

それについては幕府のほうでも、できれば神田上水の水源となっている井の頭池などの既存の湧水によって賄えないものかと検討したに違いないが、これは水量的にも精一杯でとても無理だったので、どうしても別の水源を考えなくてはならなかった。

幕府は新しい水道を一日も早く開設する必要にせまられ、三代将軍家光のころから上水改革の事業が企てられた。また、江戸市民のなかにも新水道の開設を考える者もでてきて、江戸芝口の町人玉川庄右衛門・清右衛門は、二、三年以前の慶安年中から、武蔵野を切り通して多摩川の水を江戸へ上水として引いてくることを幕府に願い出ていた。

しかし家光の死に直面したため、つぎの四代家綱が将軍となってから、承応二年（一六五三）一月十三日、この願いは採用され、玉川上水開削の計画が決定した。

同じ年の二月十一日には伊奈半左衛門忠克が工事担当奉行に任命されてはっきりと建設体制がととのい、この時点で大体のところは水路の測量、基礎設計なども完了し、着々と準備段階に入っていたと思われる。

玉川庄右衛門・清右衛門兄弟の子孫の書き上げが『上水記』の中に出ているが、それによると着工は承応二年四月四日で、同じ年の十一月十五日に四谷大木戸まで水が通じたということであるから、約七ヵ月かかったことになる。幕府側の公文書に出ているところでは、竣工は翌年の承応三年六月二十日となっている。

この玉川上水路の開削については、庄右衛門と清右衛門が水を見立てて、羽村から四谷大木戸まで約四三キロ（『東京府統計書』に十里三十一町四十六間とあり、四万二七三八・二メートルとなる）を設計、施工して通水したという説と、玉川兄弟は実は二回も設計を失敗しているという説がある。第一回は江戸の近くの多摩川から水を引こうということで、日野の渡しの近くの青柳村あたりから取水して失敗をし、二度目はもっと上流の福生村あたりから取水しようとしてそこも失敗した。最後に老中松平伊豆守信綱の家臣で水利に明るい安松金右衛門に設計しなおさせ、羽村に取水地点をきめて四谷大木戸まで施工したというのである。

安松金右衛門が設計に関与したことは事実だと思うが、多摩川からの引水の発見者、工事担当者として庄右衛門・清右衛門兄弟の事実上の功績は消え去るものではないと思う。

起工から通水まで七ヵ月かかったとあるが、当時は突発事故などで緊急を要する事故復旧のような場合以外は、工事は雨天にはやらなかったはずで、雨の日がどのくらいあったかわからないが、これでいくと、実際に工事にかかれた日数は七ヵ月以内となる。安松金右衛門

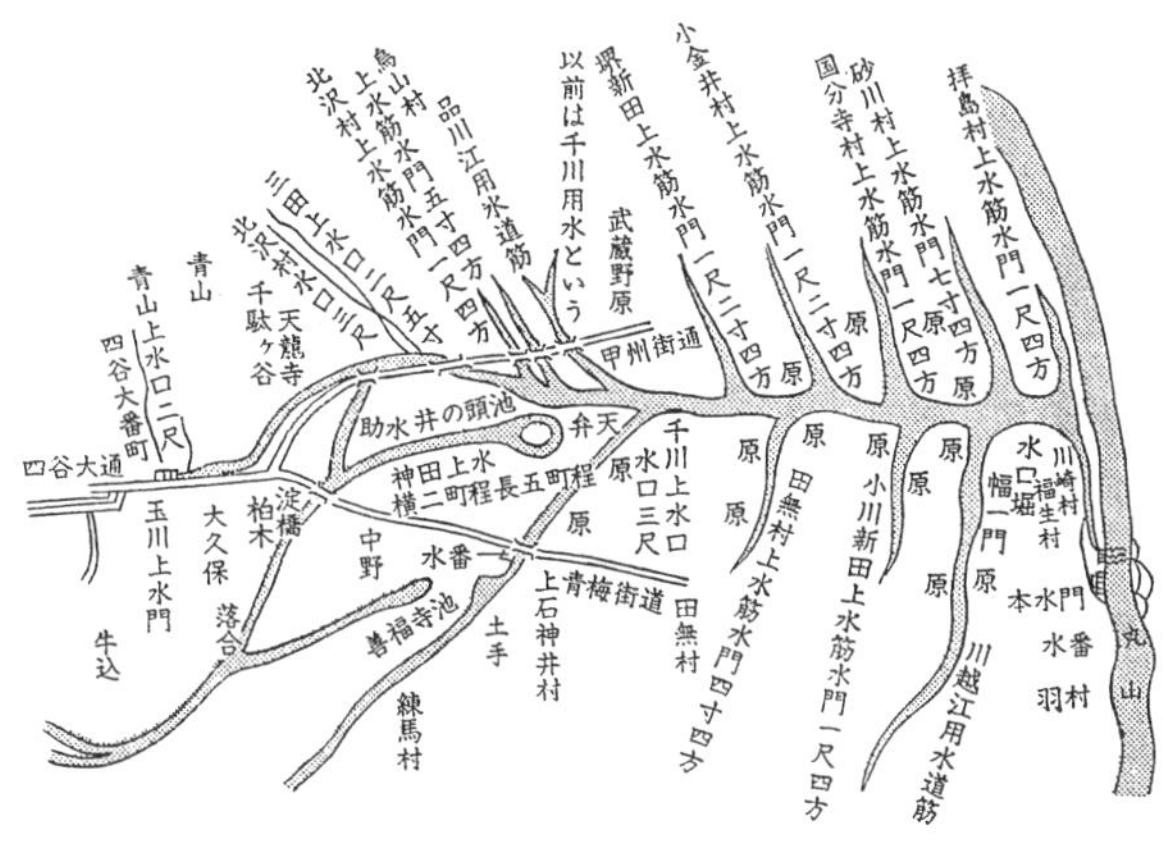


玉川上水路沿線図

が関与してくるという説によると、着工してから二回失敗したというが、失敗すればその跡始末もしなくてはならないし、つぎの着工準備にも相当かかると思われる。

この失敗の問題については、当時上水工事に参加したという人の子孫の書き上げをもとにまとめられた『玉川上水起元』によるもので、これを三田村鳶魚が取り上げて強調している（三田村鳶魚著『玉川上水の建設者安松金右衛門』昭和十七年十二月。なお、同氏はすでに昭和九年六月「東京朝日新聞」紙上でも、このことを指摘している）。

羽村の取入口水門のところから四谷大木戸までの標高差は約九二メートルで、比較的ゆるやかな勾配だが、当時は、測量の方法でも、夜間、ちょうちんを掲げたり、たばねた線香に火をともして土地の高低を測ったということだし、現在のような優秀な器械や工具もなく、機動力にも恵まれておらず、また多数の人員をどうやって集めたかなど、約四三キロの水路開削工事が、着工してから二回の施工変更、三回目の再測量と設計変更、そして施工、通水と、これだけのことがいつからいつまでの間に行われたと見ていいものであろうか。

ともかく、四谷大木戸までは開渠（かいきょ）（掘割水路）で通水し、これより先の工事は江戸の市街に入ることとなり、武家屋敷や町家などが多くなるので、暗渠にして石樋や木樋を土中に埋める配水施設工事にとりかかった。承応三年六月には大体の幹線工事を完成し、さらに市街への配管工事はつづけられ、時を追ってしだいに末端地区まで給水されていき、全体の完成までには少なくともさらに二、三年、あるいはそれ以上の年月を費やしたものと思われる。

江戸城内をはじめ四谷、麴町、赤坂の高台や京橋方面にいたる江戸の中央部市街地の南西部一帯を給水区域とし、完成後の玉川上水系統だけで地下埋設の石樋・木樋の総延長は八五キロにもおよび、当時としては非常に大がかりな水道建設工事であった。

この工事の完成により、江戸の水供給は大幅に改善され、上水の給水区域は山の手の台地上にまでおよび、さらに江戸の都市域の拡大は進んだのである。

しばらくは玉川上水と神田上水の二系統による給水がつづいた。

## 明暦大火後の都市計画と水道拡張

## a　明暦の大火と市域の拡張

江戸は市街の発展につれていろいろな都市問題をかかえるようになった。なかでも最も重要だったのは火災の頻発で、為政者はこの対策に頭を悩ませた。

まだ上水が行き渡らないころの消防水利は、もっぱら天水桶や水溜桶などに水を汲み置き、いざという時は手桶で水をかけるくらいのものだった。そのころの消防の方法としては、近隣へ火が移らないようにするため破壊消防に頼っていた。

玉川上水が完成した翌年の承応四年（一六五五）三月には、幕府は江戸の住民に対してさっそく消防水利として、火の用心井戸を掘ることを命じるお触れを出している。

その内容を見ると、江戸の町はふつう道路をはさんだ両側で構成されていたが、一町の両側に平均八個の消火用井戸をふりちがいになるように掘ること。町の長さが六〇間（約一〇九メートル）を越えるところは両側に井戸を一〇ヵ所にする。横町や会所と呼ばれた空き地には両側に二ヵ所掘ること。道路の片側にしか家並みのない、いわゆる片町には一町に四ヵ所掘ること。水道のないところは、各家に以前からある水溜桶のほかに、町ごとに道路の両側に八個の水溜桶を掘り入れ、一ヵ月に一度ずつ水を入れ替えて絶やさぬようにすること、などが命令された。

明暦年間（一六五五〜一六五八）は火事の多い年であった。被害範囲や影響の点でとくにいちじるしかったのは、明暦三年（一六五七）一月十八日の大火で、俗に「振り袖火事」と呼ばれたものである。この日は朝から北西の空（から）っ風が吹き荒れ、しだいに大風となった。江戸ではもう八十日間も雨が降らず乾燥しきっていたので、砂ぼこりが空いっぱいに舞い上がっていた。

午後二時ごろ、本郷丸山の本妙寺から原因不明の出火で、折からの大風にあおられ風下の市街はまたたく間に延焼し、江戸の中心街をほとんど焼きつくした。翌十九日も北風は荒れに荒れていた。前日の火は一応消しとめたが、午前十時ごろ、小石川伝通院付近から第二の火が出て、前の日に焼けのこったところを焼失した。諸大名の必死の消火もむなしく、このとき江戸城の天守閣、本丸、二の丸までも焼いてしまった。

その後、麹町五丁目あたりから第三の火が出て、桜田一帯は火の海となり、猛火はさらに西の丸下、愛宕下に燃えうつり、多数の大名屋敷を全焼させ、翌二十日の朝ごろまで燃えつづけた。この大火のおさまったあとは一面の焼け野原となり、江戸の全市街の約三分の二が焼失し、一〇万人以上も死者がでた。

この大火の年は玉川上水が開設されてから三年後にあたっていたが、本郷三丁目の易者で『太閤記』などの作者でもある小瀬甫庵がこの大火をすでに予言して近隣に告げ、明暦三年一月元日、難を避けると称してにわかに本郷を立って上州に去ったという話がある（『元延実録』）。易学から、江戸の上水のために陰陽の不均衡をきたして大火事が起こるというのが理由であったが、そのときこれを聞いた人びとは迷信としてあざけり笑ったそうである。

のちに享保七年（一七二二）有名な儒学者の室鳩巣も同じような考え方を示している。江戸に大火が頻発するのは上水を引いたからで、防火に害があるとして上水を廃止するよう将軍吉宗（よしむね）に建議したというのであるが、このことは後に述べる。

明暦の大火後、江戸の復興には思いきった防火都市計画が行われた。まず、城内にあった大名屋敷はすべて城外に移すことをはじめとし、武家屋敷の大がかりな移動（屋敷替え）が断行された。大名や旗本に、災害のさいの予備邸として郊外地区に下屋敷を与えた。寺院の移転も強行された。

市街の改造の方は、新道をつくり、日本橋の大通りのような主要道路は十間、本町通り七間、その他は五間か六間という、およその標準をきめて道路の拡張が行われた。また、両国・上野・浅草などの盛り場に火除け空き地（広小路）を作って万一の避難場所とし、町の一部を公収して土手を築き、あるいは空き地にして飛び火を防ぐための防火堤（火除け土手）も作った。これらの市街整備のため町屋の移転が強行された。

### b　四上水の開設と給水系統

かくして断行された移転のためには新しい土地が必要となり、市街は南・西・北の郊外に拡大された。同時に、新たに隅田川の東の本所・深川にも新市街が開かれた。市街の内部にも所々に埋め立て地ができて充実し、江戸の市街は面目を一新し、範囲も拡張されて、後の大江戸の形はこのとき大体でき上がったのである。

こうなってくると、新たに発展した地域に対する給水が必要となってきた。

既設の神田上水は、水源の関係で神田・日本橋方面の下町へ給水するだけで精一杯だった。そこへ玉川上水ができて、城内を含む麹町の高台、四谷一帯、赤坂の高台などの山の手をはじめ京橋方面にまで水がとどくようになっていた。しかし市域の拡張で新たにひろがった地域の給水需要に応じるためには、どうしても新規に給水の方法を考えることが必要となってきたのである。

当時の水道は現在のようにポンプで加圧してない自然流下のもので、木樋をつないで給水するのだから、高台地区や隅田川のような大きな河川をへだてた対岸の地域にまで水を持って行くというようなことはできなかったので、対岸である江東地区に対しては別の水源（元荒川の瓦曾根溜井）から独自の水路をつくって導水し、そのほかの隅田川より西の地区には玉川上水からの分水により、系統を分けて給水することにした。

万治二年（一六五九）に本所上水（亀有上水ともいい、本所方面に給水）、翌三年には青山上水（四谷大木戸のところから玉川上水を分水し赤坂・麻布・芝方面に給水）、四年後の寛文四年（一六六四）には三田上水（下北沢村地点から玉川上水を分水。芝・麻布方面に給水）、それから三十二年たった元禄九年（一六九六）には千川上水（保谷村地先から玉川上水を分水。本郷・下谷・浅草方面に給水）と、四系統の上水がつぎつぎと新設されたのである。

これで、当時の江戸市街に給水していた上水は全部で六系統に分かれることになった。

このころの江戸の市内人口は、武家・寺社地・町方をあわせて一〇〇万を突破していた。六系統の水道の普及状況をみると、人口密度の高い下町方面は全部、山の手は一部で、市内

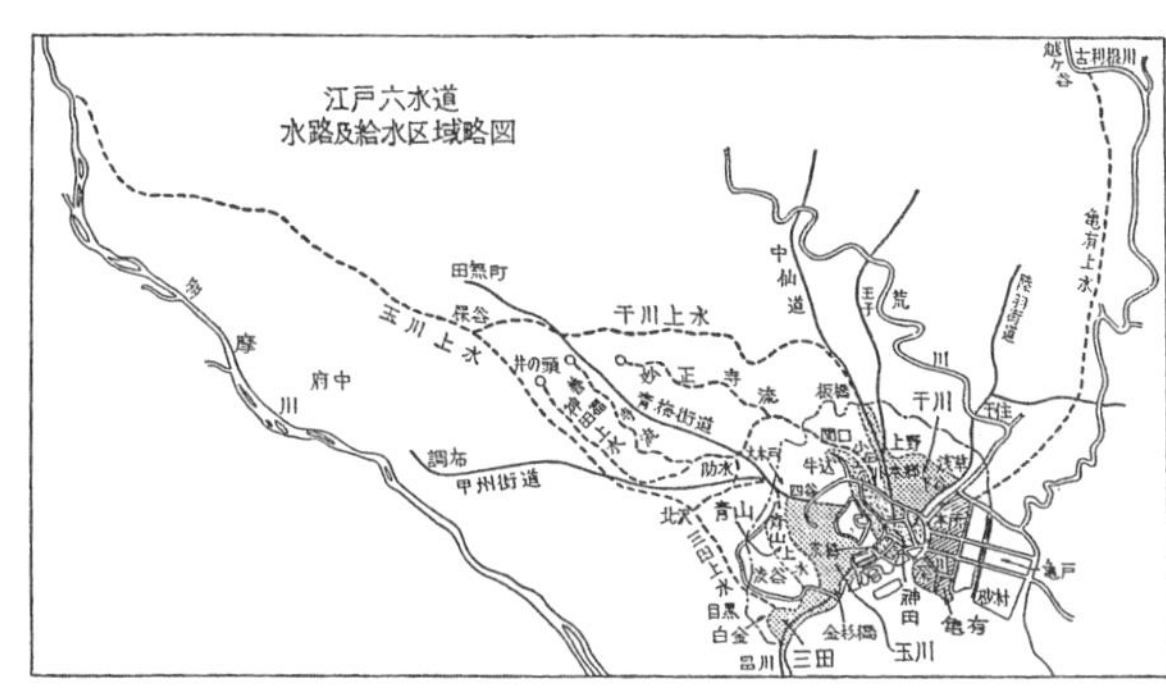


江戸六水道水路及び給水区域略図

人口の約六〇％に水道が普及していたと見られる。

## 享保年間の水道再編成

### a　四上水の廃止事情

享保七年（一七二二）、八代将軍吉宗の治世下に、突然思わぬ事態が発生した。それは、あとからできた本所・青山・三田・千川の四上水が、幕命によってこの年の十月一日にいっせいに廃止され、その後は神田・玉川の二系統の上水だけとなったのである。

廃止理由として考えられることは、水道の維持が困難となったことと、鑿井（さくせい）により清浄な水を得られるところが所々に発見されるようになったこと、などがあげられる。なお吉宗将軍の信任の厚い政治顧問であり、儒官でもあった室鳩巣が提出した江戸の火災防止のためだとするつぎのような趣旨の建議によるということも伝えられている。

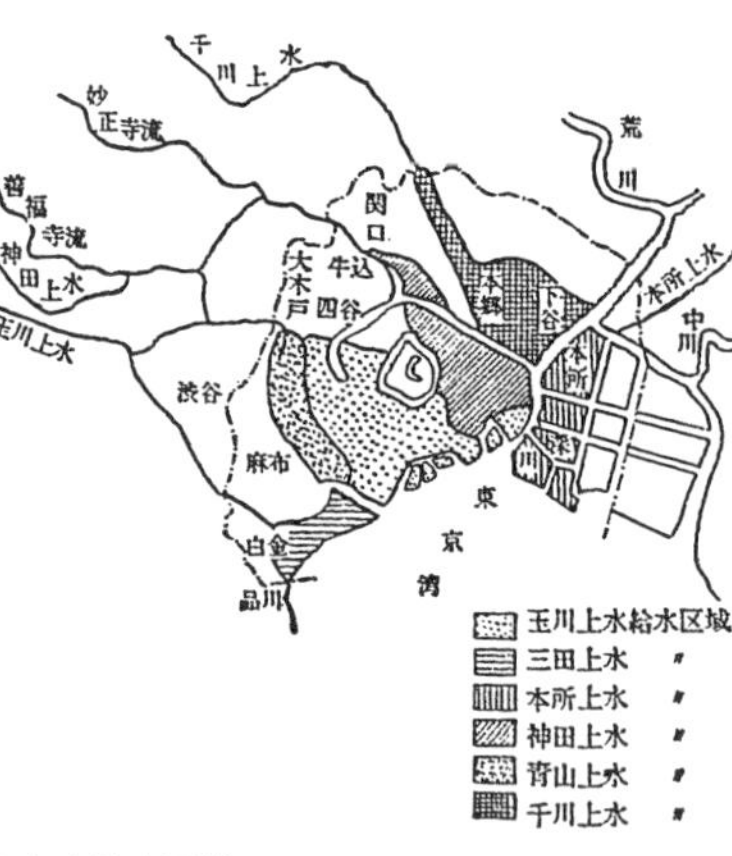


六上水給水区域

明暦以後江戸市中に水道が普及してからは、地下に縦横十文字に水道管が通され、水道の水が流れているので、地脈は切断され地気が分裂してしまった。風を拘束するものもなくなり、土の潤いが水道の方にとられて大火になる可能性が生じてきているので、この際、水道はつぶしてしまいたいものである。（『献可録』より）

易学からのもっともらしい理屈であって、江戸時代の圧力のない木樋水道では、今日のように防火に役立つ効果は少なかったとは思われるが、防火に害があるとして水道を廃止するとは誤解もはなはだしいものである。しかし当時は江戸の防火のためならどんな試みでも辞さないとして、こんな考え方もとられていた時代なので、将軍吉宗はこのことを室鳩巣に諮問した。鳩巣の答えは右のように「水道の火災誘発」を肯定する建議となっている。

ただ、彼の建議文中にもあるように、飲料水としてどうしても欠くことのできない江戸城をはじめ中央部市街地に給水する玉川上水と神田上水は存置すべきだとしており、そのほかの四上水は鳩巣の建議どおり廃止が実行されたのだ、という。

だが、こうした考え方を、後年、幕府普請奉行上水方道方の石野広道は、

かつてある書に、地下に水道をつくって通水すると火災が頻発するので水道を廃止したとあるが、水道がないのに青山から麻布にかけて火災がたびたび発生し、逆に水道のある小川町に火事が起きていないというのはどうしたことか。火事は水道の有無によって起るのではあるまい。

（寛政三年『上水記』）

龍吐水

と真っ向から批判している。また、随筆家小川顕道も、

近頃は江戸中に掘抜井戸が多くなり、一町内に三、四もできている。かつて室鳩巣翁は江戸に水道が諸方に引かれたので火事が多くなると心配したが、掘抜井戸が多くなるのも水道の場合と同じではないのか。

（文化十一年『塵塚談』）

と鳩巣を名指しでたっぷりと皮肉っている。

昔は迷信などが平気でまかり通っていた時代なので、水

道が防火に害があるというようなことが、当時は真剣に考えられていたものであろうか。

あるいは、「水道の火災誘発」というのは、幕府が百方手をつくしても大火の頻発を食い止めることができず、巷には不穏な空気がみなぎるなかで放火もあとを絶たない世情であり、人心安定のためにも幕府は弁明として、易の思想と結びつけた水道が原因との苦しい理

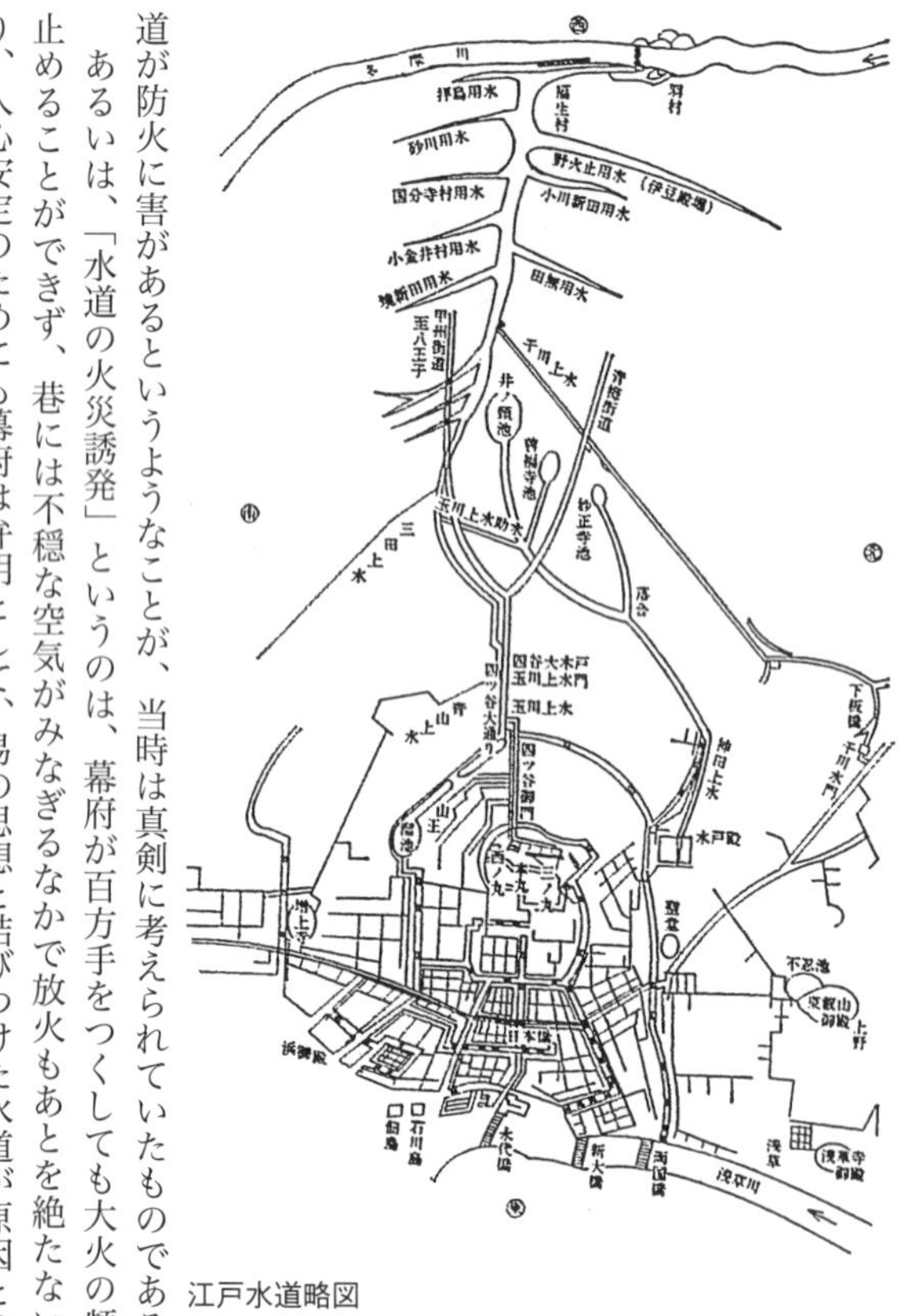

江戸水道略図

由づけをしたのであったろうか。それにしてもまことに江戸の水道史のうえで不思議な事件である。

ところで、四上水を廃止する直前に行われ、おそらくその存廃に関する資料にしたものと思われるものが二、三残されている。まとまったものとしては、享保七年四月に大岡越前守忠相名で報告されている本所上水の実態調査である（『享保撰要類集』）。それによると、本所上水はすでに送水不能となり場所によっては十分な給水ができなくなっていたことがわかる。

同じ四月の時点で、断片的なものだが神田上水の給水区域内である南伝馬町その他数ヵ町における「上水井数樋枡書上」がある。水道担当奉行の命で町内の上水井戸の数、樋や枡の数と寸法、掘り井戸の状態などを調べさせ、月行事と名主の連名で報告させている（『撰要永久録』）。同様の内容のものが、伊勢町でも行われている（『伊勢町元享間記』）が、もっと広範囲の資料がほしいし、今後の調査にまつことにしたい。

### b　水道再編成後の水事情

室鳩巣は建議文の中で、「水道がなくては朝夕の生活にも困るところは廃止させないで、井戸水のよく出る地区の水道だけ廃止して井戸に切り替える」という考え方を示しているが、それではこのころの江戸の給水事情はどのようであったかを調べてみよう。

四上水のうち、本所上水は前記のように給水不足で役に立たなくなっていた。あとの三上

玉川上水路

水はいずれも玉川上水が江戸の市内に入る手前の分水で、廃止後は水路ぞいの村々の農民の願いにより、灌漑用として利用されることになった。

玉川上水が多摩川の水を羽村堰で取り入れ、四三キロの水路を通過して四谷大木戸に届くまでに、取り入れ水量は三分の二あるいは半分程度に減少したと考えられる。というのは、上水路の途中から野火止・品川・砂川など大口の用水を含む十数ヵ所の農業用分水（のちに最盛期には三三分水となる）が引かれていた。また神田上水系の水量不足を補うため代々木・淀橋間に助水渠を掘り割り、玉川上水から応援分水が始まっていた。長距離の素掘り水路なので途中の漏水もあっただろうし、水面蒸発も考えられる。その上さらに途中から青山・三田・千川の飲用専用の三上水に分水していた、という状況にあったからである。この三上水の給水区域では掘り井戸が普及しだしていたことでもあり、これらの上水への分水を絶てば、その分だけ玉川上水本来の主目的である江戸城をはじめとする城下住民の給水量は確保されることになるはずである。

それにしても、水道を使用していた地区の住民は、水道を廃止されては大変不便なことだったろう。掘り井戸で間にあうところはそれによった。これに刺激されて井戸掘り技術も進歩し、さかんに井戸が掘られてその不便が補われた。

井戸が使えない本所・深川方面では、神田・玉川両上水の余り水を水船で運び販売された。このころの上水はすべて自然流下なので、使用されない余分な水は木樋の末端のところからそのまま堀や河川に放流されていた。ここを上水の吐口（はけぐち）といっていた。水船業者は幕府の鑑札をうけて、これを呉服橋門内の銭瓶橋（ぜにがめばし）の左右とか、一石橋（いちこくばし）の左右のところで上水がざ

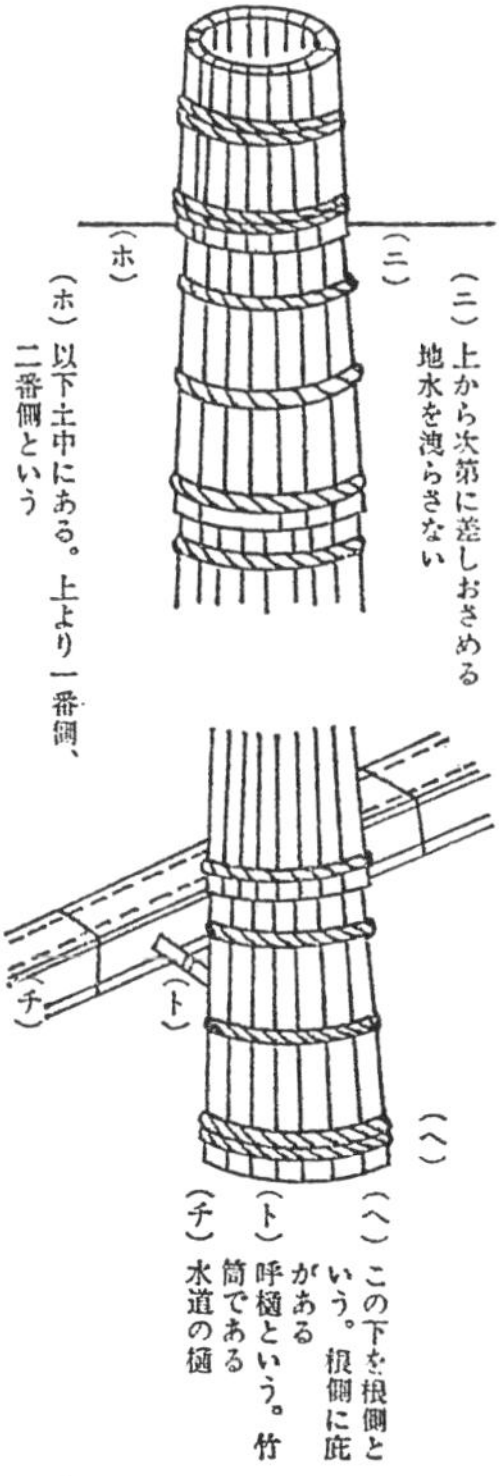

江戸の井（守貞漫稿）

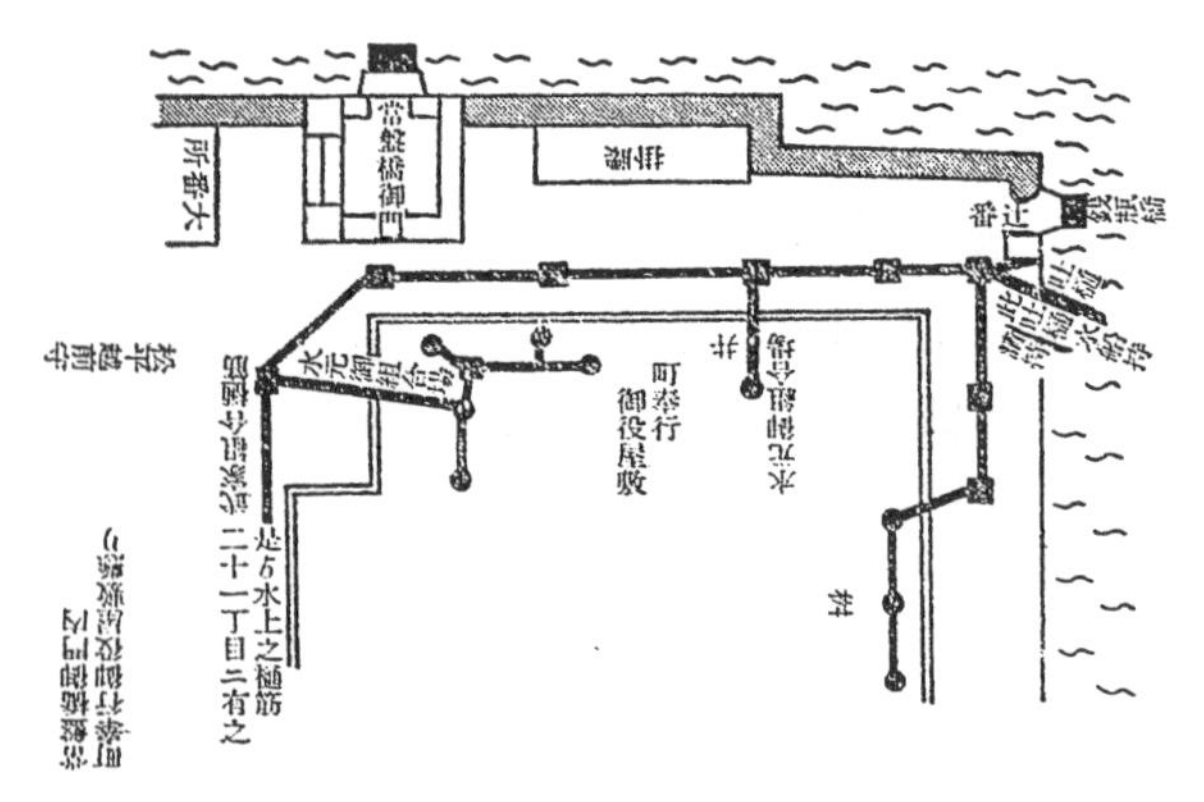

神田上水系水船持吐樋（上水記）

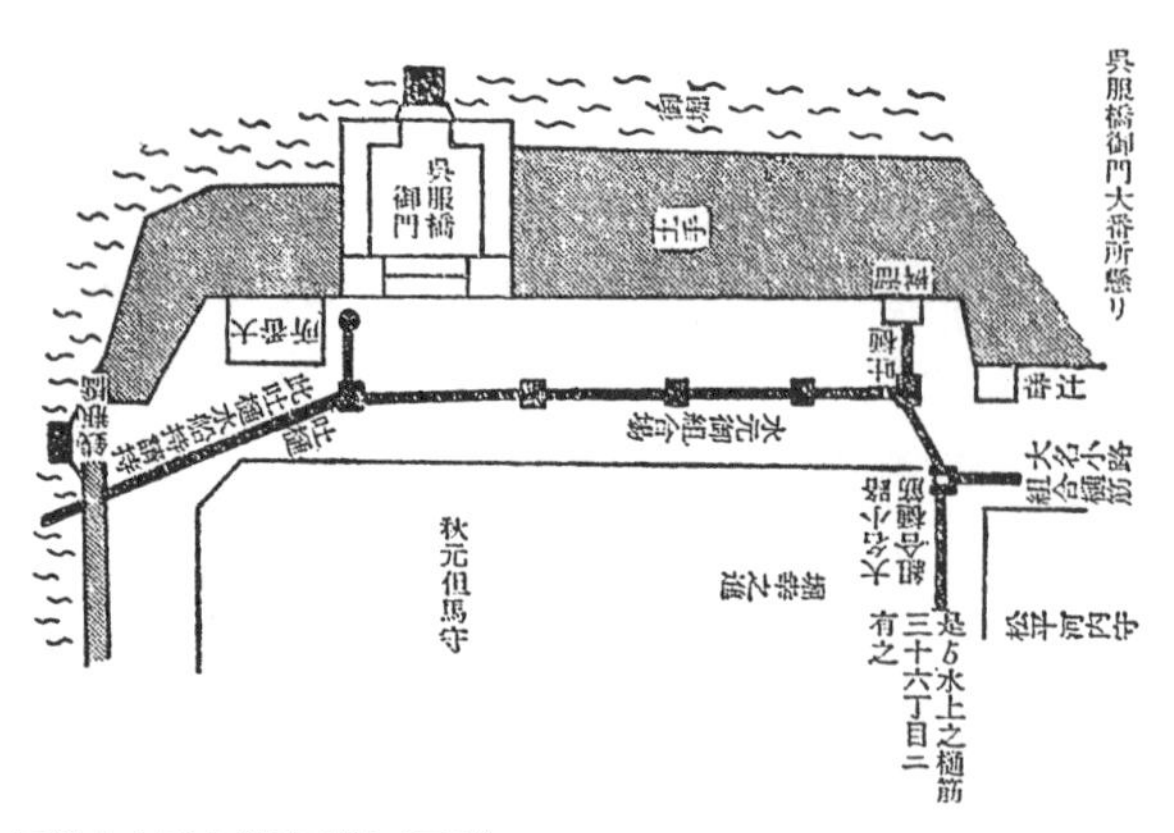

玉川上水系水船持吐樋（同書）

水屋（唐来三和「善悪邪正大勘定」寛政七年）

あざあと流れ落ちるのを、吐口で仕入れて伝馬船にくみ入れ、本所・深川の住民や廻船に売水していた。深川に「水場」（現在の海辺橋付近）というような地名もできたほどである。

また、町には掘り井戸や上流河川から清水を汲んで水売りを職業とする水屋もあらわれ、おもに下町にいて短い天秤棒の両端へ細長い水桶をつけ、それをになって家々へ一荷いくらで売って歩いた。桶はとくに別製で、木目が浮かび出るほどよく洗い清めて使用した。

このころ、すなわち享保十年ごろの江戸の総人口は実に一三〇万人にも達しており、江戸は当時世界にもほとんど例を見ない大人口を擁する都市に発展した。

これを住区面積の上から見ると、武家地が断然多く全体の約六五％を占め、それに寺社る。

地二〇%、町人地は一五%という概略の面積割合を示している。この中でとくに狭い町人地に全人口の約五〇%近くが集住していたので、非常な過密状態を強いられていたことにな

しかもこれら町人地の立地条件は比較的、埋め立て等による低地が多く含まれていることから、生活用水の確保（水道または井戸水や売水などによる）には切実なものがあった。それだけに日頃の節水と水を貴重品扱いにしていたことがよくわかる。当時の人は、小判の数を多く費やすよりも、水道の水を濫用するほうが悪徳だと考えていた。

だから町人に限らず武家をはじめすべての住民は、水道の水は飲料のほかには使わない。雑用水はすべて井戸水を使った。

# 二　完成された江戸水道の給水システム

## 江戸水道の構造と給水方法

江戸水道の導水経路をみると、その主軸をなしていたのは玉川上水系と神田上水系である。

いずれも水源である河川（多摩川）や湧水池（井の頭池等）の流れを、市内の境目のところまでは開渠（掘割水路）で引いてきて、水質保全上、市内は暗渠とし、地下に埋設した木製や石製の樋・枡で配水した。浄水処理というような考えはほとんどなく、飲用可能な原水を無圧、自然流下方式で供給した。もちろん技術的にも資材の点でも現在の水道の比ではないが、その工法、給水方法等にきめ細かな工夫がなされている。

玉川上水系に例をとって見てみよう。まず羽村の取入口の選定であるが、このあたりは多摩川の流れがS字形に蛇行しており、土地と河川の適地をよく考えて、左岸の羽村の岸にほとんど直角にぶつかるところを取入口にしている。

多摩川本流の川幅は六町余で、ここに蛇籠や枠を置いた堰を設けて取水口を作り、水をせ

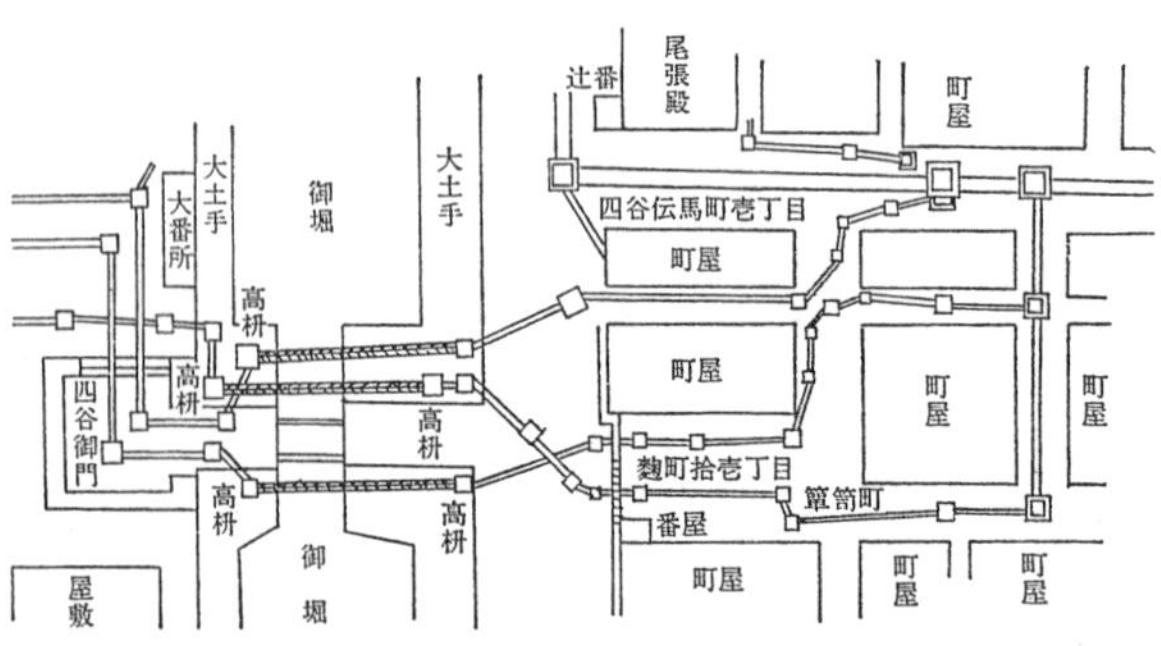


市内配管図

き止めてから満水にして上水路に流しこんでいる。蛇籠は竹であんだ籠に石をつめたもので長さ五間、枠などの根固めにして安定をよくした。

この羽村の堰や水門の構造については、『上水記』の中に寛政二年（一七九〇）当時の詳しい状況が記録されている（『玉川水元諸枠水門大サ投渡木蛇籠大サ水番人預リ道具書付』及び『玉川上水引入口絵図』）。また、江戸時代に作られた古絵図に文政八年（一八二五）『玉川上水水元羽邑水行実測絵図』、天保八年（一八三七）『玉川上水堰元水行之図』がある。これらの絵図には、長年にわたる経験と工夫によって築き上げ維持されてきた巨大な構造物が、あますところなく描かれている。

取入口のあたりには、大小投げ渡し木や筏通場があり、水門は二つある。差し蓋の上げ下げで水量を調節する。一の水門の土台上端より四尺二寸を平水とし、これを調節の目安とした。水門内には吐口があり、余分な水はここから吐かせるほか、水門内に堆積した土

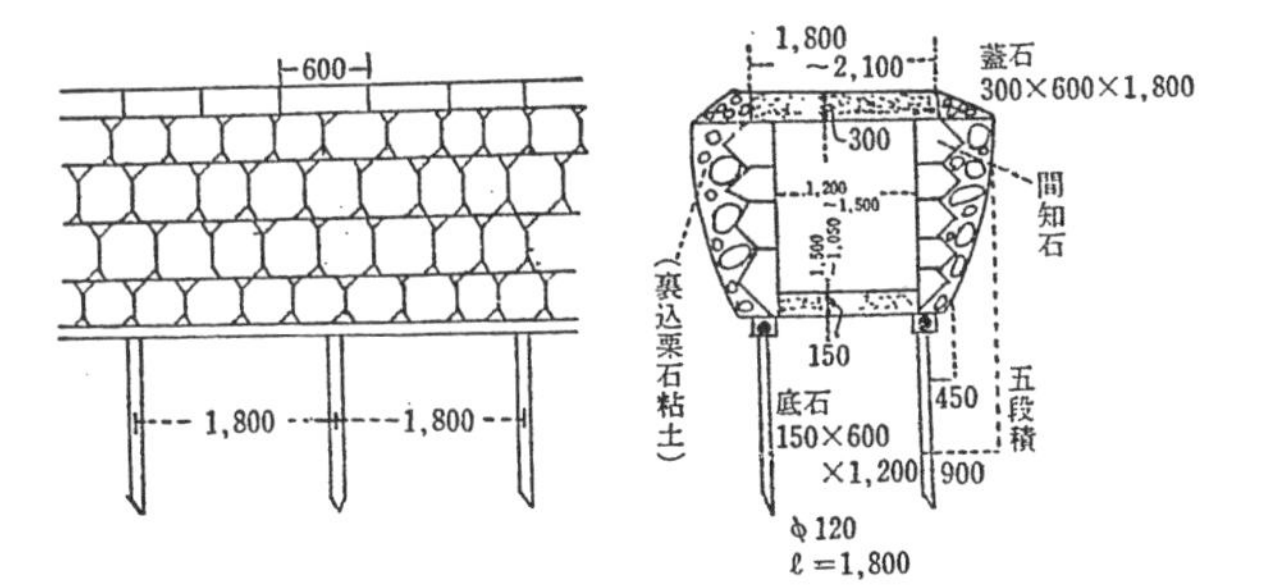
600
1,800
1,800
1,800
～2,100
蓋石
300×600×1,800
300
1,200
～1,500
1,500
～1,050
間知石
(裏込栗石粘土)
150
底石
150×600
×1,200
450
900
五段積
φ120
ℓ＝1,800

石樋断面図

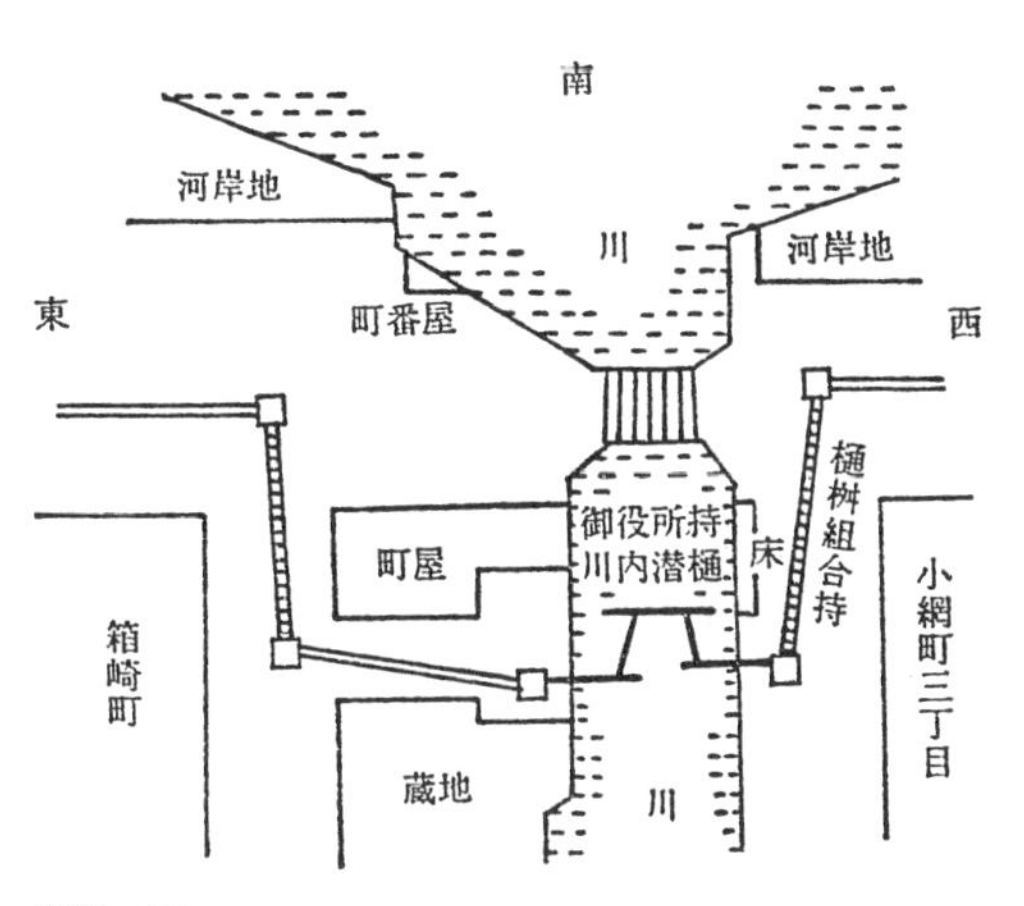
南
河岸地
川
河岸地
東
町番屋
西
樋桝組合持
御役所持
川内潜樋
床
町屋
小網町三丁目
箱崎町
蔵地
川

潜樋の図

砂を除去する時にも利用された。二の水門でも同じく測る寸法がきめられていて、春秋の増水時期には二つの水門は閉鎖して大小の投げ渡し木を取り払い、水路を開放して水の勢いをそいだ。

筏通場は水門口から二〇間へだてた本流の方にあり、幅四間、長さ二間の水路に修羅木を八本並べて筏を通す場所を作った。

取入口ができあがってからはここに「羽村水番所」が置かれ、上水番人が勤務した。のちには「羽村御陣屋」と呼ばれた。明治期には「羽村官舎」へ、さらに今の「羽村取水所」へと長い歴史を刻んだ。今の事務所前に萱葺きの門だけが残っているが、これは当時の陣屋の門である。

羽村で取り入れた多摩川の水は、比較的平坦な武蔵野台地をとおり、約四三キロの道のりを掘り割って四谷大木戸に導いたのであるが、その落差はおよそ九二メートル。この水路が実に巧みに引いてあり、ちょうど馬の背にあたるところが水路の路線に選ばれているので、後にできてくる多くの分水が、各新田集落に対して巧みな自然勾配で潤している。

神田上水系の方も種々工夫して作られている。関口村（現・文京区）に設けられた大洗堰の構造などをみても、上幅八間で両側に高さ約二尺の袖石垣があって、中央部に幅八尺、深さ五尺の溝があり、奥行き八間通りを石畳とした当時としては斬新な石造堰堤である。

また、江戸上水の配水方法は、木樋を埋めて四方に引き、大小の川筋の部分はたいてい伏越によって連絡されていたが、お茶の水のところでは神田川をまたいで木樋をかけ、これを

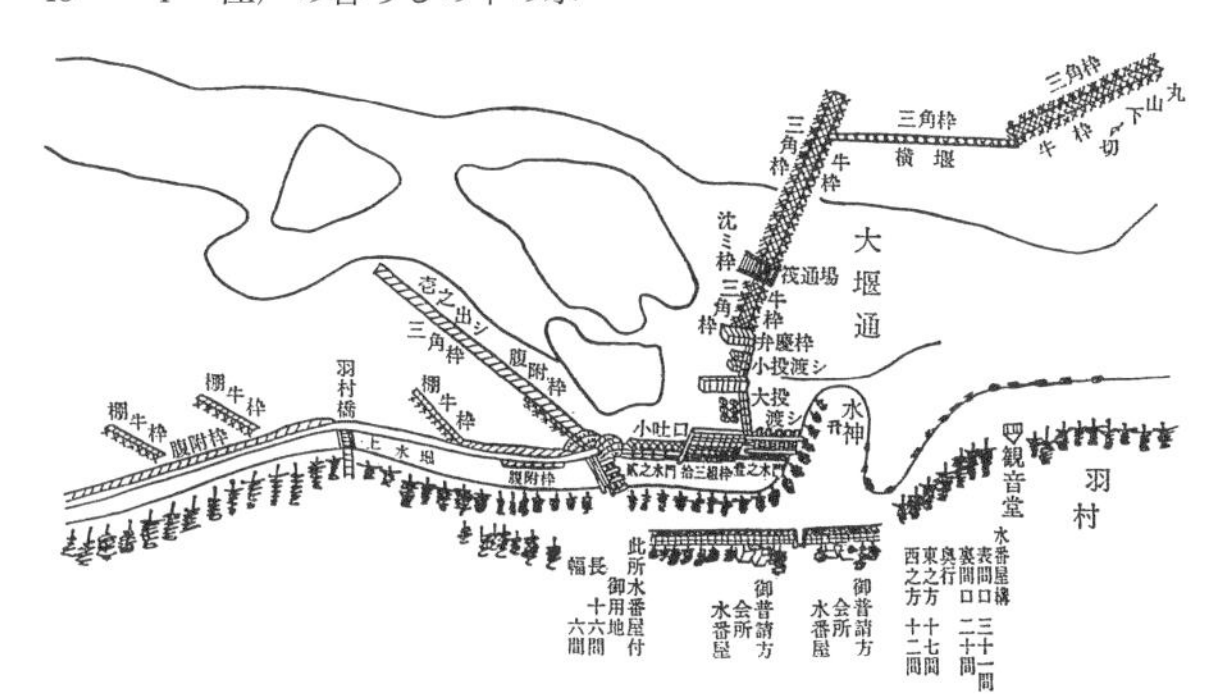


羽村堰説明図

懸樋（掛ケ樋）と呼び、ちょうど橋をわたしたようなものであったから、これは近代水道にいう水管橋に相当するものである。

つぎに、市内に入ってからの状況を見てみよう。上水の樋管は江戸の市内では露出している部分はごくわずかで、ほとんどが武家屋敷や各町々の道路下に埋設され、各町通りの所々に溜枡を設け、ここから上水を汲み上げて共同で使用した。さらに枡から伏樋により各家の井戸（上水用の井戸）に呼びこんで専用給水していたところも少なくない。

これらの樋管工事に共通した方法は、まず土地を掘削して素掘りをつくり、坑内に水を導入して勾配を定め、樋を埋めて水を引き入れる。長さ二メートル余の木樋をいくつも連結して布設するが、口径の太いものは樋自体を切り組んでつなげ、細いものは継ぎ手を使った。方向転換の場合は継ぎ手かまたは大きな枡や樽が使われている。

この樋・枡には、地形の高低や水勢の強弱によって、現場条件にかなった構造のものが工夫されていて、埋枡（地下）、高枡または出枡（地上）、水見枡（蓋を開き水の増減清濁を検査）、分レ枡（分岐枡）、溜枡などいろいろな種類があった。

また、龍樋なるものがあって、登龍樋は高枡で水を堰き上げるところに設置し、降龍樋は水を引き落とすところに用いる。また、河底をくぐるところに設備したのが潜樋、河川を渡るのを懸樋、石で造ったものを万年樋と称した。

これらの樋・枡の形状や太さには種々あった。配、給水管である木樋の作り方は、水に強い檜、さわら、松などの用材を厚薄二つ割りにし、厚材の方に溝をくりぬいて管となし、薄材をフタにして、継ぎ目や合わせ目には漏水防止用に檜の皮などを押しこめ、折れ釘、かすがい等でしっかり釘打ちしてある。樋には角型のものが多いが、稀に用材を丸型にくりぬいて作った丸型樋や、板を三角形に組み合わせて作った樋もあった。三角樋は少ない水の流れをより多く流すための工夫と思われる。

個々の家庭への給水方法を見ると、元禄十二年（一六九九）に坂本町（現・中央区）の管内での「上水布設工事落札注文書」という書類が残っている。このなかに給水装置の設計がことこまかに書いてある。設計図もついているが、これを見ると、道路部分の伏樋から各戸に引きこみ、宅地内の上水用井戸（呼井戸ともいう）へ水が流れこむようにしてある。

このほかに寛保年間における日本橋付近の「沽券地図」の中に示されている水道利用状況図などによって、当時の模様をほぼうかがい知ることができる。

## 水量管理・水質管理

江戸時代の中期ごろまでで江戸水道の建設拡張はだいたい一段落し、中期から幕末にかけては主として維持管理の時代に移ったといえる。

水道管理の体制も、初期には上水開発の功労者ということで、開発者とその子孫に工事の施工から水道料金の取り立てまでをまかせた時期もあったが、それも江戸中期ごろまでのことであって、その後は町年寄や名主など町方の支配者層の組織は使っても、幕府自身が工事その他に直接関与してくるというふうに、江戸の前期と後期とでは、水道の管理体制も大きく変わってくる。

水道の管理機構をみても、初期のころは上水奉行・町年寄支配（町奉行直属）・道奉行、中期から町奉行・普請奉行、幕末には作事奉行というように転々と変わり、奉行の支配する管理下に前記の町方支配者層が組みこまれてくる。

末端の実務担当者には水番人がいる。だいたい世襲だが、なかには跡継ぎが不適格のような場合、後任者をきめるにはきびしい人選基準ができていた。この水番人は、上水の日常の維持管理のために、神田・玉川両上水系の所々に置かれた。

上水路（開渠）は水源保護のため、とくにきびしく取り締まられた。水路の要所に高札を立て、つねに見廻りを行った。高札には「この上水道で魚を取り水をあび、塵芥を捨てたり

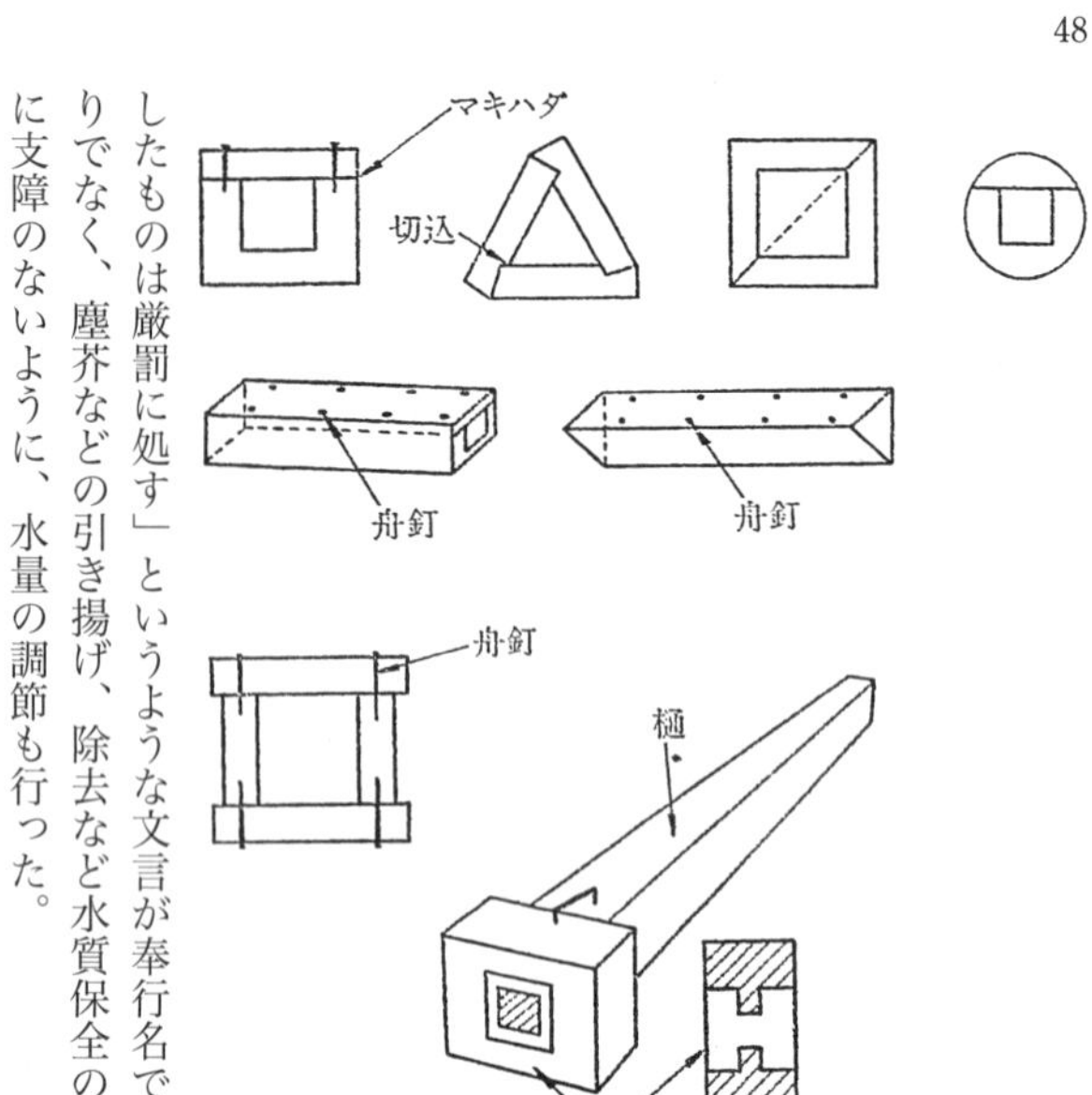

木樋と継ぎ手

したものは厳罰に処す」というような文言が奉行名で掲示してあった。水番人は見廻りばかりでなく、塵芥などの引き揚げ、除去など水質保全のための作業や、上水の末端までの給水に支障のないように、水量の調節も行った。

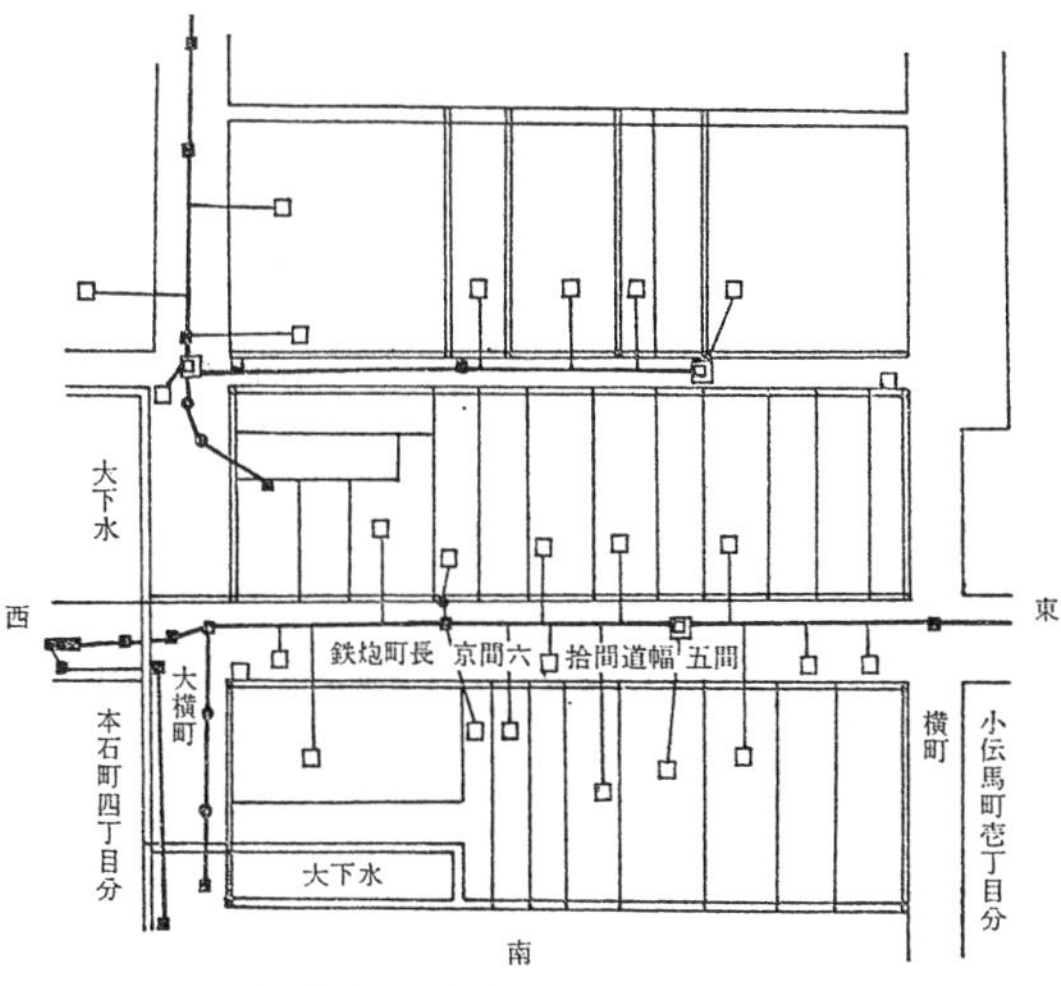


水道利用状況図（沽券地図より）

まず神田上水の場合、この系統の水路には水番屋が五ヵ所あり、番人はそれぞれあてがわれた見守番屋に居住して、服務した。

このうち、とくにお茶の水懸樋のところの水番屋では、懸樋のところで水量を測定し、差付三尺七、八寸から四尺一、二寸の水量を江戸内に配水していた。大雨で増水のときは急遽余水を目白下大洗堰のところで調節し、また減水のとき、すなわち差付が三尺ほどになり江戸内の水掛りがさし支えるときは、関口水道町のところの水車二ヵ所の樋口を半減または差しふさぎ、あるいは白堀通り上水路内の藻藁を刈りとるなどして、神田上水の給水量の調節を担当した。

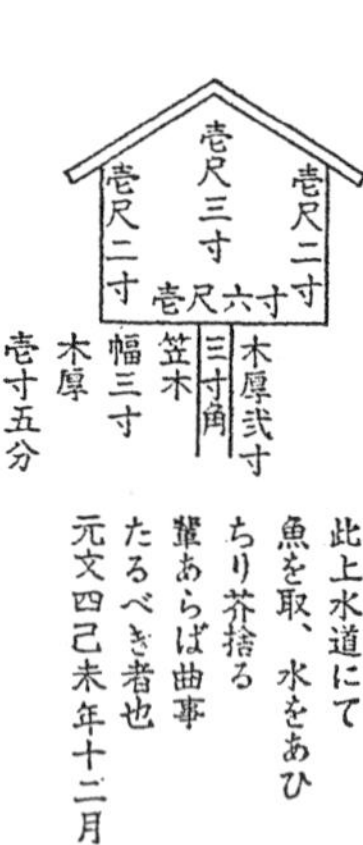


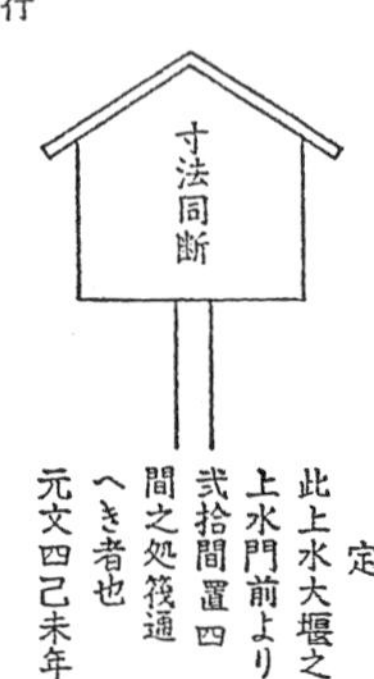


羽村水神前の高札

水の見廻り調整は、直接江戸住民の飲み水にかかわってくるので、どの水番人も隔日に、急を要するときは毎日でも、所管の役所へ状況報告をすることになっており、怠ると処罰された。

このように神田上水の系統の中では、神田川を横断する懸樋のところの安否、水量が、神田・日本橋の下町方面の住民の飲み水を左右することとなり、ここの見守番人の役目はなかなか重要なものだった。

玉川上水も神田上水と同様、所々に番人が置かれた。江戸の市外に羽村・砂川(すながわ)村・代田(だいた)村の三ヵ所、市内では四谷大木戸と赤坂溜池の二ヵ所に水番屋があった。また市内にはいくつも水見枡があって、水見廻り人に水量を調べさせた。

市外と市内の水番人の任務にはおのずと異なるところがあった。羽村取入口のところの水番人が注意しなければならないのは、多摩川の上流が豪雨でいちじるしく増水したときや、

水道橋から見たお茶の水懸樋

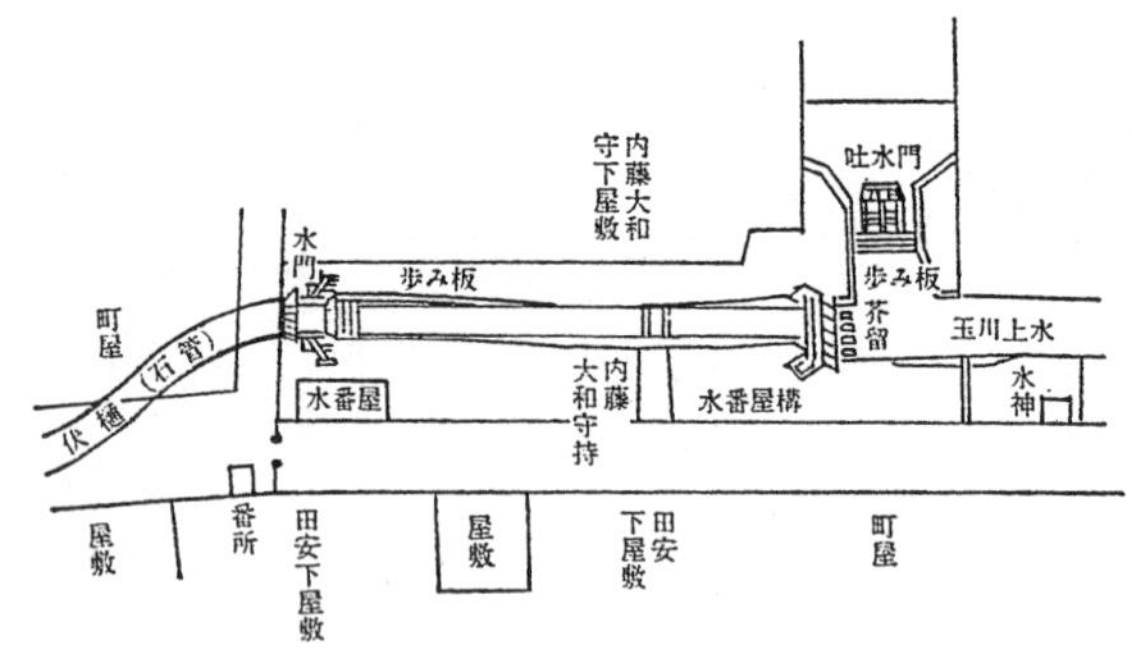


大木戸水番屋付近の図

逆に日照りつづきの渇水時に上水がひどく減水するようなときの措置であった。

羽村には江戸表（えどおもて）の監督役所からの出役の侍のいる陣屋があった。台風期や、そのほかの非常時には増員して詰めており、なにか事があれば、緊急の処置を講じると同時に、早馬で江戸表に注進して、上司の指示を仰ぐようになっていた。

水番人の方は、それぞれ羽村・砂川村・代田村・四谷大木戸と受け持ちの分担区域に沿って詰めていたから、急ぎのときは飛脚で、平常は村継ぎで情報連絡をした。

台風時など、上流水源の氾濫のときの羽村水番人の仕事はたいへんだった。堰の見廻り、破損の有無の点検、水門での水量測定、すなわち、平常の水位より三尺以上になろうとするときは、大小投げ渡し木をとりはらい、一の水門・二の水門の差し蓋をおろし、江戸へ通報しなければならない。莚（むしろ）や簀（す）などによる漏水防止も忘れない。

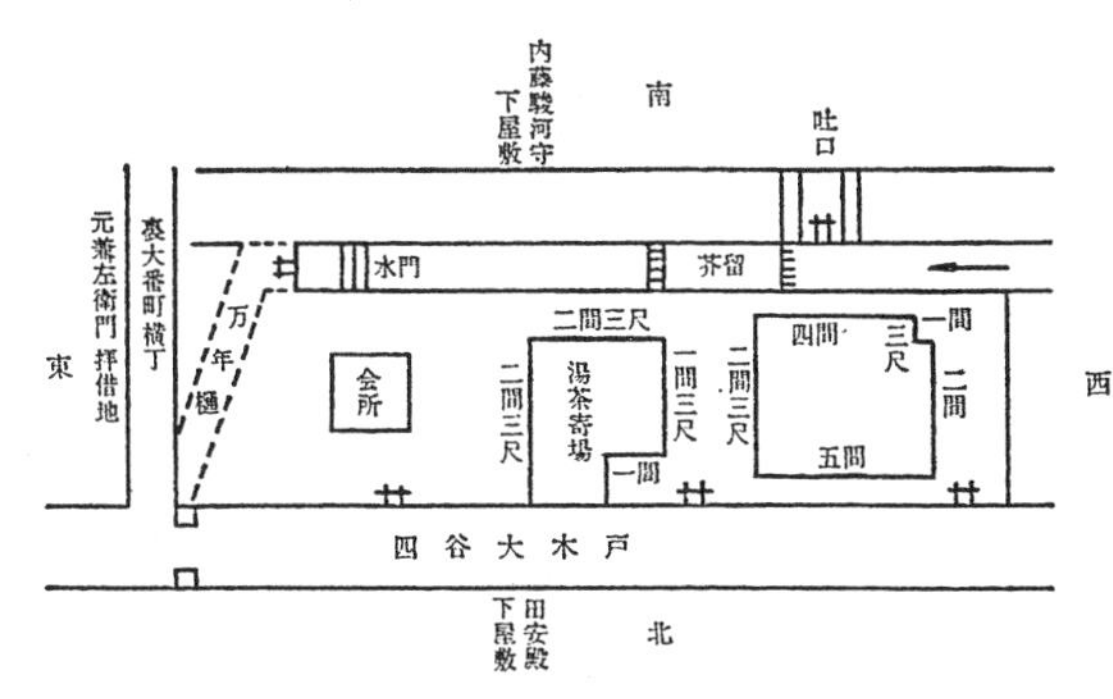


水番屋の図（指田文書）

水量が元にもどると、投げ渡し木をかり渡しして水仕掛けをしなければならない。

しばしば発生した堰や水門、護岸などの破損箇所の仮復旧、本復旧となると、さらに面倒であった。

渇水時になり、江戸市内への水量が減じた場合には、この上水路沿岸の水番人は、三十余ヵ所の各分水口をそれぞれの持ち場にしたがって全閉・二歩明き・三歩明きなどにより、分水量に制限を加えることになった。水番人は村々の分水樋口の差し蓋の開閉に立ち合い検査をしたり、見廻りもとくに厳重に行った。渇水時の分水口の制限では、手加減を加えて処罰された水番人もでている。

大木戸の水番人にも特別な使命があって、ここで配水調整をするために、水番屋の前の水門に固着して板を渡してあり（歩ミ板という）、この板の下何寸明き、板上何寸ということで水量を測ることになっていた。

台風で大雨が降って、どんどん水路の方へ水が入ってくる。もちろん濁っており、飲めない水である。ここでの操作を間違えるとえらいことになる。

増水のときにはまず水門を締め、市内の樋管の中へ濁水が入らないようにする。そして水門の手前のところの吐き水門（余水吐き）から渋谷川の方へ排水してしまう。

このように水門のところの歩ミ板での水量測定で、増水による危険状態を察知できるし、逆に渇水のときには水量不足もわかってくるので、所管役所へ急報することにより、上流の分水口の制限措置もいち早くとられるのである。

こうしてみると江戸上水は極めて天候などの影響を受けやすく、玉川上水系統ではとくに羽村取入口と大木戸水番屋のところが、水量・水質管理上、重要なポイントとなっていたことがわかる。

## 江戸の市民生活と水道利用

江戸という都市の内部には、支配階級である大名の豪壮な邸宅が軒をつらねていた。旗本・御家人も禄高に応じてそれぞれ余裕のある敷地に格式のある屋敷を建てていた。しかしこれらの武家屋敷の中には、家臣の住む長屋も建てられており、禄高に応じて家臣も多かったから、けっして余裕のあるものばかりではなかった。だがそれも、膨大な人口をかかえる江戸の庶民住宅にくらべたら、まだまだ余裕はあった。

町へ出ると、広い表通りの両側には富裕な商家が立ちならんで、往き交う人びとの姿も多い。町の入り口には木戸門があり、傍の塀と番小屋とで町を区画していた。手入れの行き届いた家々の前には、防火用の水桶が置いてあるのが普通であった。

しかし、一歩裏通りに足を踏み入れると、溝板（どぶいた）を踏んでようやく歩けるだけの路地をはさんで、九尺二間の裏長屋が充満しており、便所と芥溜（ごみだ）めと井戸が一ヵ所にかためられ、共同で使用されていた。

江戸の水道は、大体大通りの道路下に木樋をつないで配水した。その配管状態を知るには切り絵図にしたものを見るとよくわかる。上水はつねに自然の勾配にしたがって絶えず樋管の中を流れるようにしてあり、町々の道路下に埋設した木樋は管網をなしていた。通りに面したところに設けた溜枡からは共同用に、さらに家々に樋で呼びこんだ上水井戸からは各戸専用に、ツルベで汲み上げて日常の飲用に供した。

しかし市内のどの町にも全部樋を引いていたわけではなかったから、住民の居住場所によっては上水配給の上で便不便が生じており、上水のみに頼り切ることはできなくて、よんどころなく井戸を掘ってその水を使用するところが少なくなかった。だが井戸水は場所によっては水質が飲用には不適なものが多かった。また水質が良くても日照りつづきの夏には汲みからして、水量不足になることが多かった。住民は貰い水か水屋の水を買うかしなければならなかった。

木樋の水道が引いてある地域でも、上流の水源地などに大雨が降るとすぐ濁水に見舞われた。逆に日照りつづきの渇水期には上水が断・減水状態になることもあった。

当時の水道や井戸には消毒設備のようなものはなかったので、なんといっても一番恐れられたのは伝染病だった。人びとは赤痢やコレラが流行するたびに、神社のお札を竹にはさんで水道や井戸のわきに立てるなど、いろいろなオマジナイなどの迷信が行われた。

江戸の町ではどの家も木造で部屋は紙張りなので、十月ともなるともう火がなくてはいられなかった。火鉢の中に真っ赤におこった炭火をいけて暖をとったりするので、よく火事騒ぎが起こった。

火事のときには、消火のために一ヵ所の水道枡から一度に多量の水を汲み上げてしまうと、火災現場だけに流れを集中させることができないので、流水が満ちてくるまで待たなければならないという不便さはあった。

あちこちの火の見やぐらの鐘が鋭く打ち鳴らされた。だが江戸の人びとはみな出火の警鐘には慣れっこになっていて、火元が遠いときなどはあまり注意もしなかった。晴天の時はたいてい毎晩のように火事があり、雨天のときには火事は少なかった。ちょっとした火事なら強雨が消しとめてくれたから、江戸の人びとは晩に雨が降るとお互いに喜びあったものだった。

とにかく江戸は稀にみる火災の多い都市だった。圧力給水系ももたず貧弱な消防力ではなかなか消しとめられず、よく大火事になった。二、三年に一回ぐらい焼け出されるといった例も少なくなかった。庶民は火災を恐れて粗悪な家屋を建築した。そして「一夜乞食」の悲惨に泣く人もたくさん出て自暴自棄な気持ちとなり、「宵ごしの銭はもたぬ」のが江戸ッ子の気風と誇称するようにもなっていた。

さて、大田南畝（蜀山人）が享和元年（一八〇一）に大坂へ行った時の書簡がある。これに江戸では水道のドブの水を飲んでよく当たらないものだと言われたとある。享和元年というと、玉川上水もすでに出来ている年だが、大坂の人が江戸の水道の水質の悪さをいっているわけである。水質的にはかなりひどかったように言っているが、これは濁水のときのことではなかろうか。

『大岡越前守忠相日記』を見ると、玉川上水の濁水対策のことがよく出てくる。この日記は大岡越前守が上水担当の町奉行だった後に寺社奉行になってからのものだが、かつて水道を担当していたことで、上水に強い関心を持っていたためと思われる。

一例をあげると、寛保二年（一七四二）八月一日、台風で羽村の水門が流失し、取入口付近の土手約二〇〇メートルが決壊した。このときの復旧対策ではいろいろ骨を折ったようだが、日記にはこう書いてある。寛保二年八月一日の台風から約一ヵ月後のことだが、「玉川上水、先月の出水以後いまもって殊のほか濁り、下々難儀の由に候」とあるように、一ヵ月以上も玉川系の水道は濁りっぱなしであったわけで、連日、日記には玉川上水の濁水のことが出てくる。幕府は原因の究明に狂奔し、その復旧対策に取り組んでいる。

また、こんなこともあった。山東京伝の弟の京山が書いた『蜘蛛の糸巻』という随筆の中に「天鼓の妖」と題して水道のことが出てくる。天明六年（一七八六）十月十二日に玉川上

継ぎ手

水と神田上水に毒物が投入されたというデマが飛んで、市中は大騒動になった。京山は当時一八歳であった。一時はこのデマが江戸中で信じられて大変な騒ぎだったらしい。京山は当時自分の家で飼っていたネコとニワトリにまず上水の水を飲ませてみた。だが異状はなかった。それからお茶にして試しにちょっと飲んでみたが、別になんともない。

しかしそういうデマが乱れ飛んだので、水道の水を汲み置いた人もみなこれを捨てて、近くの掘り井戸へ群がっていった。われ勝ちに汲む人が群集して寄りつけないほどだった。そこでも汲めなくてさらに遠くの井戸へ行って、水を汲む順番を待ったけれども、そこもとても汲めそうもない。むなしく手桶を下げて帰ってきた。これは夜中のことで、「諸人、水に騒ぐこと火に騒ぐごとし」で、一時は大混乱したが、やがてデマも収まったということである。

江戸の上水には消毒設備のようなものはなかったので、上水が直接外気に触れる掘割水路のような部分には、水質を汚染するような行為を厳禁する旨の高札をたて、水番人が注意して見廻り、そのほかにも厳重な管理がなされていた。

文化八年（一八一一）、上水屋敷改掛という職務についていた森佐太夫なる者が調査してまとめた『上水方心得帳』という記録が残っている。これには神田・玉川両上水の管理状況が概観できるようにまとめてある。このなかで、現在の給水条例、施工規程に類する水道供給上のとりきめや料金の徴収方法などにも触れている。

江戸の水道を維持していくには、毎年のように羽村取入口の堰や水門をはじめ、市内配水のための樋・枡・上水石垣などの修理も行われて、多くの経費と労力がかかった。このため水道の使用料にあたる水銀（みずぎん）や、普請修復費にあてた普請金などを使用者から徴収した。いずれも武家は禄高により、町人は小間割り（こまわり）によった。

江戸の小間割りというのは表通りに面した屋敷の、表間口の広さを標準に一小間いくらというとり決め方で支払わされ、地借り、店借りの人びとには関係なくすべて地主が負担した。落語にでてくる裏長屋の八つぁんや熊さんが、店賃のいいわけはするが、水道料金のことはひとことも言わないのはこのためである。当時、地主の三厄といって、いちばん頭の痛いことは火事・祭礼・水道料金だと言われていたくらい、地主にとっては水道料金は大きな負担となっていた。

木樋（給水管）

これは個々に納めるのではなくて、上水樋筋によって組合を作っており、組合で一括して支払った。

日本橋の南伝馬町に住む名主が元禄から天保にかけて町内のことを書いた『撰要永久録』に、日本橋広小路の腐朽した樋枡を新規なものに入れ替えしたときの、文化十年（一八一三）九月から翌十一年八月までの間の顚末書がある（「中橋広小路町樋枡普請の一件」）。

神田上水の系統の給水区域内であって、布設替えする木樋は内径三〇〇ミリのもの約六〇メートル一本、埋め枡は内径一〇〇〇ミリのもの二つで、請負工事で入札に付した。工期は「晴天二十日限り」とし、昼間は断水させるけれども、「夜水は相掛け候つもり」とあるから、操作によって夜間は水は流れるようにしていたようである。

工期中は車止めをし、請負人には工事が半分できたところで三分の一を支払い、残りは完成後検分して埋め戻しがすんだところで支払う。経費は関係の町々に小間割りで普請金として負担させた。興味あるのは現在のオフセット図に当たることをしたことで、あとで掘り起こしに便利なように埋め枡の位置を明記した図面を残している。

水道役所への届出等は一切関係町の町役人（月行事・五人組・名主）が行い、町方年番が工事現場を見廻り進行管理をした。

維持管理のための布設替え（ふせつがえ）は、江戸後期、とくに文化・文政（ぶんせい）の頃から多くなっている。上水樋管や枡の修理では道路普請も行われたから、馬や駕籠など交通上にも相当の支障をきたした。

安政（あんせい）六年（一八五九）に南八丁堀一丁目から本湊町（ほんみなとちょう）橋際までの樋枡修繕などは、三月から八月まで正味約五ヵ月にわたって「一人立通行馬駕籠留」で、一人が通れる道は確保されたが馬や駕籠は通行止めであった。同じ年の木挽町（こびきちょう）六、七丁目から付近の武家屋敷前までの樋枡修理のときは、約二ヵ月かかっている。

工事のための断水（水切れ）は「町触れ」という形で事前予告された。連絡工事のための断水は「水、移し替えによる水留め」であり、布設替えは「場所替え」、これによる交通制限は「往来差留」、「馬駕籠差留」と呼んでいた。施工中は保安さくに相当する「竹垣」、保安灯に当たる「ちょうちん」は欠かせないものであった。

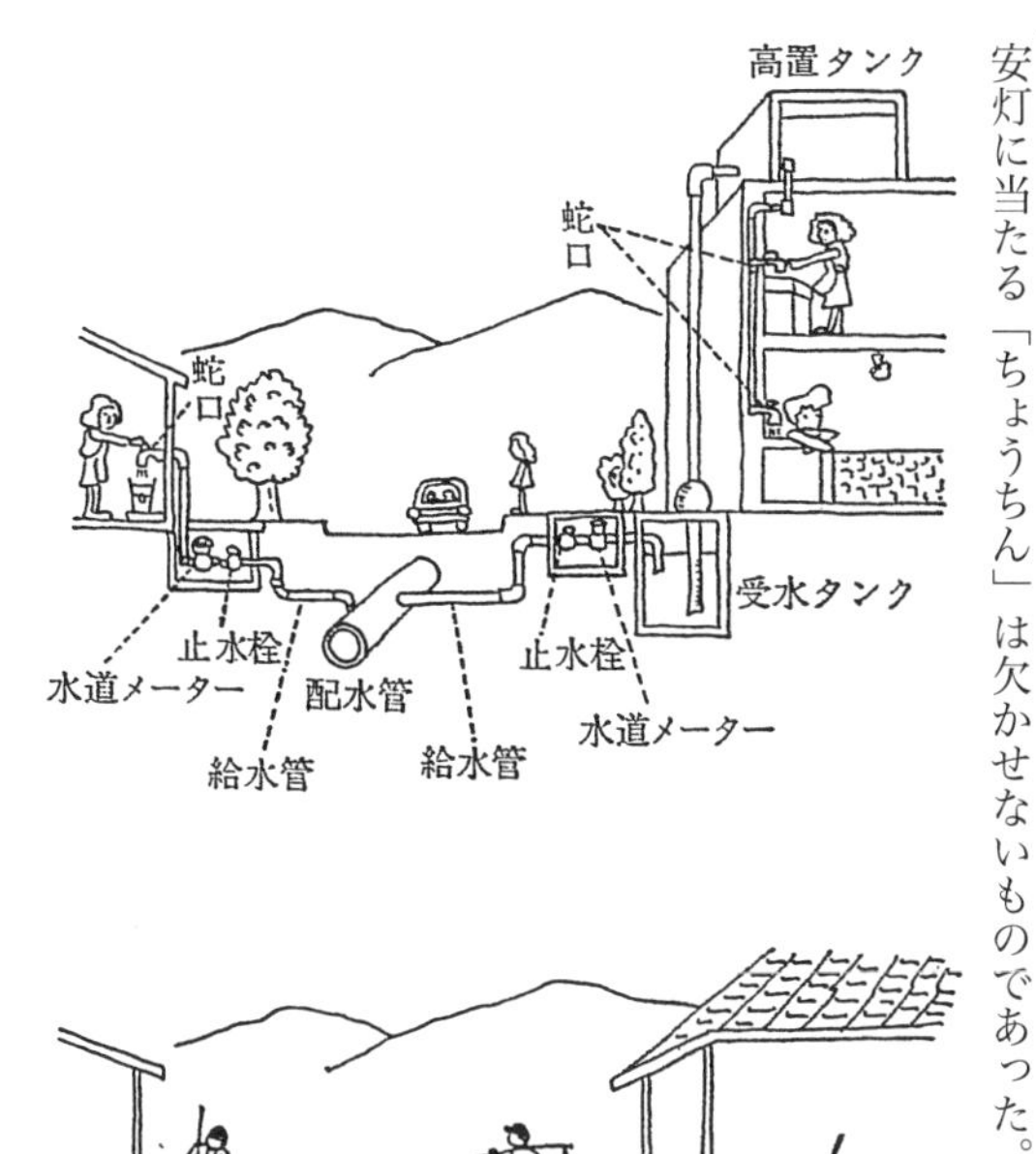


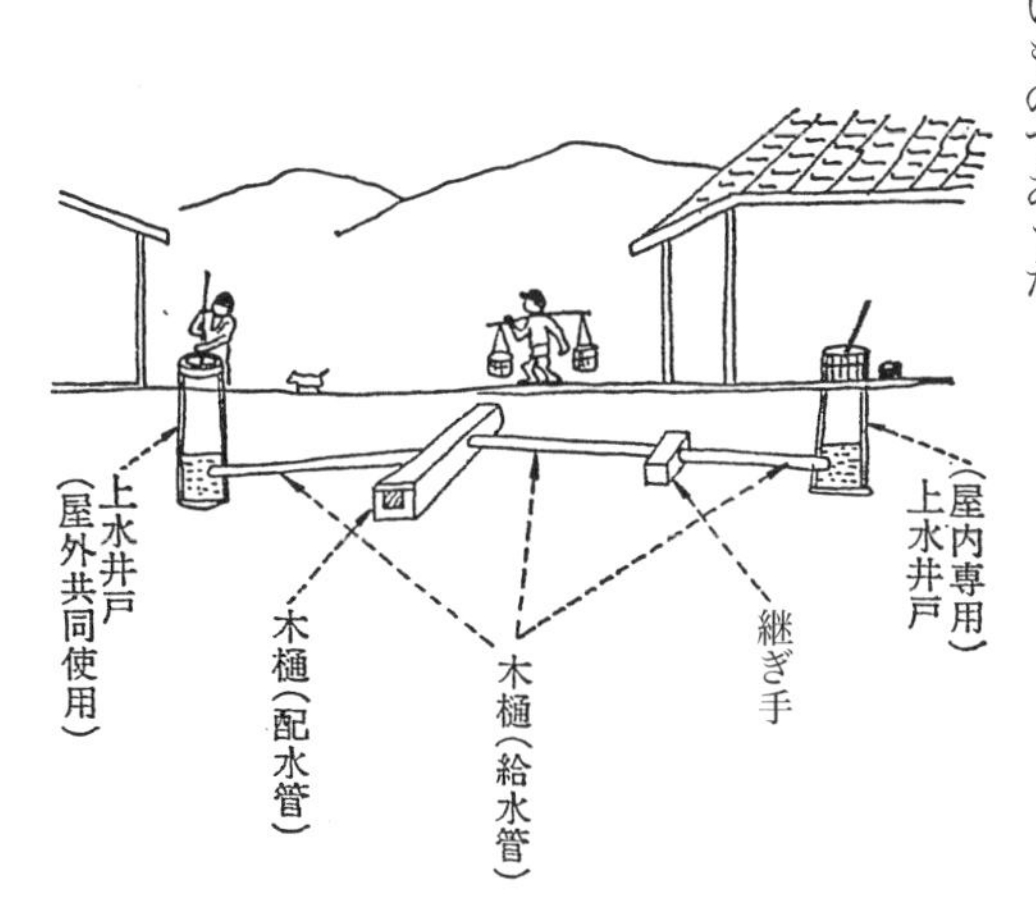


いまの水道、江戸の水道

「一人立往来相通」で一人が通れる道は確保されたわけだが、水道工事で泥んこ道になっているところを「一人立通行馬駕籠留」を何ヵ月もつづけてやられては、交通上どんなに支障を生じたかが推しはかられよう。

# II　江戸から東京へ

# 一　文明開化と水道改良の機運

## 江戸（東京）市内の急変

慶応四年（一八六八）七月十七日、江戸は東京と改まり、九月八日には元号も明治となり、やがて東京は日本の首都として維新政治の第一歩をふみだしたのである。

江戸時代の最盛期の人口は実に一三〇万、少なく見積もっても一〇〇万人はあったのが、幕末の戦乱と維新以後の参勤交代の廃止のため、明治初期の東京は、江戸時代最盛期の半分近くまで人口が減ってしまった。

徳川幕府の崩壊で、大名は引き上げ旗本も解散してしまったからである。多くの武家屋敷は空き家となり、武家に依存していた町家も従っておとろえるほかなかった。東京と改まったあとでも、市内の中心部でさえ夜などとても歩けたものでなく、強盗の住居となっていた屋敷もあったというほどで、市中は見る影もなくさびれていた。

やがてこれらの武家屋敷は転用され、軍隊・工場・官庁などの用地に変わったり、一般住宅地になったりした。しかし市街地周辺部の屋敷町の方は転用の希望もなくそのままだったので、政府は、市の周辺には桑や茶を植えさせて、農村化をおしすすめることになった。幕末以来、貿易のおもなものは生糸と茶であったからである。明治二年八月ころから武家地の土地を貸して開墾させる桑茶政策をおしすすめ、三〇〇万坪ほど農地化したというから、かなりの武家地が桑や茶畑になったのである。

しかし人心がしだいに落ち着いてくると、新政府は新しい施策をつぎつぎと打ち出し、明治四年ころから東京はしだいに活況をとりもどすようになってきて、この桑茶政策も時代に逆行することになり、四年七月には廃止された。

維新の変革で最も大きな影響をうけたものの一つに水道がある。維新による混乱で、武家の崩壊、町民の離散などで、水道の維持管理の根源となっていた水道料金（水銀）——各地域に組合をつくり組合ごとに納めていた——も、組合のなくなってしまった市民から料金のあつめようもなかった。このため水道の経費は一時は政府の支出でまかなっていたから、この間は使用者の使い得といった形であった。かなりの費用になるので、財政困難な維新政府ではそういつまでも面倒をみるわけにはいかなくなった。

政府は、このままでは上水の修繕費にも困ってきたので、料金の取り立てをはかるため、明治四年五月に水税規則を設けて徴収する旨を布達したが、市民側では、区入費が相当かさんで難儀していてとうてい水道料金までは支払えない、と苦情嘆願がつよく出されたので、これは成功しなかった。そこで旧町会所の七分積金（江戸の町入費を倹約した金額の七分を窮民救済や低利金融のため積み立てさせておいたもの）から上水の修繕費などをだし、一般からの徴収は行わなかったが、これも支出額が多方面にわたりかなりな額に達したので、ついに明治七年十月から水道料金の徴収を再開することに踏みきった。

江戸時代の水道料金は、武家は石高、町人は小間割り(こまわり)だったが、武家石高は廃絶しており、土地課税の方法で賦課されてきた小間割りではなにかにつけて不都合なので、明治八年からはじめて上水井に対して料金を賦課することに徴収方法が改められた。この改正で従来の税金から使用料金に変わってきたのである。

この料金制度によると、井戸は並井、吹井(並井の二倍の料金)、滝(並井の一〇倍の料金)と定め、一井につき一ヵ年何円と引用井戸数を単位として徴収されたから、井戸数をごまかされると収入にひびくので、使用していながら井戸がこわれているとか廃井にしているとか言って料金をださないものを取り締まるため、十年七月からは上水井戸使用者に対して鑑札を与えることにした。

なお、このころの水道の利用方法は江戸時代とまったく変わらず、水道の末端で水を使用する時は、分水枡から井戸に引いて利用するが、水圧が加わっていないから掘り井戸のように底に溜まった水をツルベで汲むことになる。ただし、元樋が高い所を通っていてそこからすぐ引いた低地の井戸は吹井となっていた。

明治十一年ごろの市中にはどれほど上水井戸があったかというと、神田上水三九八九個、玉川上水二四三二個の記録がある。

## 玉川上水の通船問題

維新後、さびれた江戸の市街地周辺に桑や茶を植えさせて、約二年間に三〇〇万坪ほど農村化させ、すぐ取りやめとなったことは前に述べたが、同じ頃、玉川上水路に通船が許可されるということが起こっている。明治三年四月からわずか二年余りの短い期間だったが、羽村から四谷大木戸の間を「村々の産物諸品運搬のため」通船を開始したのである。江戸時代には玉川上水路に船を通すなどということはあり得ないことだった。それでも記録によれば、こうした目論見はすでに江戸時代でも十八世紀の元文年間、明和年間、幕末の慶応と三回も計画はされたが、いずれも許可されていない。

明治という新しい時代をむかえて、これが実現している。おそらく新政府の薩摩や長州の要路の役人が、江戸のことがよくわからないで、どさくさのすえに地元有力者から出された通船願を許可してしまったらしい。たしかに人や物資を安く運ぶには、河川を利用するに越したことはなかった。上水路に船を浮かべれば、羽村から四谷大木戸まで一日もかからないで行ってしまうし、しかもたくさんのものを載せることができた。

まず通船準備として船が通行しやすいように、上水の川幅をひろげた。行きは川の流れを利用できるが帰りは土手に馬を走らせて船を引かせられるように、そのための道路もつくった。橋杭の太さや水底から橋板までの距離、橋の長さや幅なども通船に便利なようにした。

また荷物を積みおろしするのに使う揚げ場や船置き場、船溜まりなども上水沿いにつけられた。

船は長さ六間、幅五尺ときめられた。とくに上水を汚さないために、船の中には便壺を必ず用意させて、舟子どもに固く申しつけておき、必ず便壺で用を足すようにやかましく規制した。冥加金、税金も徴収された。

許可された船数は八一艘で、このうちの五三艘は常時上水路を往復していたものと思われる。事業としては経済的にも繁栄したようである。ところが角筈村とか高井戸村とか下流の村々の人たちが通船に反対して、船が通ると石ころを投げつけ、それが船頭に当たったりした。この辺の人たちの商売や生活が圧迫されたためだろうといわれる。

武蔵野方面からは、野菜・炭・薪・油・たばこ・茶・生糸・木綿などをのせた。東京のほうからは、塩・魚などをのせてきた。

しかし上水本来の使命が飲料水の供給にあり、あまりにも上水の汚染がひどくなったので、わずか二年余で、明治五年五月末限りで廃止となった。理由はもちろん水質の汚れにあった。その後地元の運送業者などから再開願が何回も出されたが、いずれもことごとく不許可となった。同年五月には玉川上水沿岸の各村に、上水で洗い物をしたり、塵芥類を捨てたりして汚濁させせることを厳禁する旨の布告が出されている。

## 明治初年の市内給水状態

新しく首都となった東京ではしきりに改革が行われ、また西洋文化がさかんに輸入されて、市民の風俗までが面目を一新し、文明開化の声とともに東京は急速に発展した。

しかし当時の都市環境は旧幕時代のままで、道路は狭く曲がりくねっていた。ことに山の手はそうだった。また木造家屋が軒をつらねて火災が多い町であった。水道も依然として江戸時代以来の木樋による旧式水道で、腐朽した上水の木樋、どぶ下水などのため伝染病の危険にさらされていた。

明治初年の東京の水道は、神田・玉川両上水の二系統があった。この当時に千川水道の再興（明治十三年）と麻布水道の開設（同十五年）があり、あわせて四系統の水道となっていた。しかし千川・麻布の二水道の水源は玉川上水の分水であるから、水源の系統から見れば、神田・玉川の二系統ということができる。麻布水道は水量不足と維持困難のため、間もなく明治十七年には玉川上水樋線に編入されている。

この頃の水道というのは、木の樋で引水するため、歳月のたつにつれて破損し、不潔な水が流れこむ恐れがあった。またどの町にも全部に樋を引いて通水することはできなかった。井戸を掘って地下水を汲み上げて使っている者も多かったが、井戸水は場所によっては水質が飲用に不適なものが多く、たとえ飲用に適した水でも、夏場の炎天には汲みからして水量不足となることが多かった。まして火事にでもなれば、水道の水でも井戸水でもどちらも水圧がかかっていないから、汲み上げても消火の役に立たない。このため時には全町丸焼けとなるような大火もしばしば起こっていた。

火事といえば、江戸が東京になっても少しも変わらず、「火事は江戸の華」などとやけ気味な言葉が自慢らしく言いふらされており、市民は年に一度ぐらい焼け出されるのは当たり前ぐらいにニヒルな気持ちになって、焼けては建ち、また焼けては建ちしての復興がつづけられていた。

明治五年の銀座の大火で、焼け跡を整理して道路を開き、いわゆる洋式の銀座煉瓦街が建設されたように、政府は機会あるごとに東京の都市改造、とくに不燃性都市化をおしすすめた。また市街の交通発展にともない道路・橋梁の改修を行い、伝染病発生などを契機に水道・溝渠の修繕も行われた。

しかし江戸以来の水道については、その欠陥が大きく目立ってきた。水源水路付近の市街化により水質の悪化や降雨時の汚濁ははなはだしく、

> 府下の水道は僅に一日の雨にて忽ち濁り、両三日も降り続けば丸で泥水の如くになり、人身を害すること甚だしければとて……
>
> （雨で濁る東京の水道——東京日日、明治十二年十二月十一日）

さらに木樋の腐朽により水質汚染などが悪疫流行のもとになり、公衆衛生上からも放置できなくなった。そのうえ水圧がないので火災防止にも役立たず、水道の不備、不潔が多くの識者から指摘されるようになった。

それは水に乏しい都会の為めに、わざわざ遠くから昔の人が引いて来たもので、「上水に塵埃を捨つべからず」といふ高札が、ところどころに立てられてあつた。それにも拘らず、古桶が捨てられ、古茶碗が放り込まれ、時には土手でつばなを摘んでゐた可愛い女の児が過つて落ちて溺死したりした。

かういふ上水では仕方がない。もう少し立派な水道にしなければいけない。かういふ話は、もう以前からあつた。

（田山花袋『時は過ぎゆく』より）

玉川上水路（明治初年）

明治七年から八年にかけて、警視庁の神田・玉川両上水視察の意見書、府議の多摩川堤の改善などの議論がでるようになり、旧式水道の改良を要望する声がつよまってきたのである。

# 二　近代水道創設前夜

## 上水の水質調査と衛生取り締まり開始

東京の水道の水の汚れは目立って悪くなっていた。コレラを始めとする伝染病の流行したことや、文明開化にともなって人口の都市集中化がはげしくなったことで、飲料水の水源としている河川や井戸の汚染に対して、とくに注意をはらう必要が生じ、その調査と対策が急がれたのである。

ここで話をもどせば、徳川幕府の瓦解で、慶応四年（一八六八）六月、神田・玉川両上水の管理事務が新設の市政裁判所（町奉行所の改称）の所管とされたが、同年八月（九月八日明治と改元）東京府を開いて市政裁判所をあわせ、同時に上水事務の所管も東京府に引き継がれた。それからは政府の施政の推移にしたがって上水の所管は実にあわただしく変わり、明治五年までのわずか四年たらずの間に八度あまりの変転があり、所管は転々としたが、五年五月には再び東京府が管理することとなった。

東京府では明治七年七月に玉川上水流試験（文部省に委嘱）、同年十二月には玉川上水下流の試験（木挽町蓬萊橋高枡より汲みとったものの試験）、同八年四月と同十年六月に神田上水の水質試験（内務省衛生局に委嘱）を行っている。その後も関係官庁や民間の有識者から上水の水質についての調査の発表があった。

試験の結果はいずれも、上水の水源として水質は良好だが、木樋で引用する井戸には、木樋の腐蝕したところなどから汚水が浸入したりして、水質が不良となっているものがある、という結果がでている。

また神田・玉川・千川上水系の井戸と、同時に在来の掘り井戸（地下水汲み上げ）の水質試験も徹底して行われた。

不潔な場所にある井戸水は何回も巡回試験をして、成績不良の結果のでたところには、飲用禁止という標札を釘付けした。構造を改良した方がいいものにはその方法を指導し、井戸周囲の掃除や井戸さらえをするよう督励した。濾過煮沸して飲用するような注意も与えた。

こうして市内全域にわたり約一万件の井戸を巡回指導したが、その時の成績表を見ると、上水井は約半数が飲用不適、掘井の方も六〇％近くが不良となっている。

江戸時代のままの木樋給水による水質不良を防止しなければならないという考えは、当時の有識者ばかりでなく当局側でも十分に持っていたのだが、なにぶん維新改変後まだ間もなく、急速に鉄管に代えるなどということは予算が許さなかった。そこで木樋改良の問題はともかくとして、汚物などによる水の汚染を防止することから手をつけることになり、明治十一年にはとりあえず警視庁布達で神田・玉川両上水取締禁令、十四年五月には千川上水取締禁令をだした。とくに飲料水取締の面からは警視庁令により飲料水運搬心得（明治十年十月）、飲料水注意法（同十一年五月）、飲料水営業取締規則（同十四年十二月）というように、もっぱら衛生警察的取締令が定められた。

## 改良水道の調査と計画

東京の水道を改良する基礎調査は、政府によって明治初年から行われた。そのころわが国では近代水道を発足させるにしても、なにぶんにも初めてのことで、欧米式の改良水道に対する認識は極めて低かった。まずその調査計画を立てるに当たって、いずれの都市でも、外国人の専門技術者を招聘して、その設計指導をうけるよりほかなかった。東京の水道は、内務省のお雇い技師オランダのファン・ドールンが、政府の命をうけて調査に着手したのである。彼は明治七年五月に東京水道改良意見書を、さらに実地調査をまとめた設計書を翌八年二月に提出している。

ファン・ドールンは明治五年から十三年まで滞日した。水道関係のお雇い外国人技術者としてパーマー（明治十六年）やバルトン（明治二十年）よりもはるかに早く来日している。彼が提出した改良設計というのは、多摩川を水源とし玉川上水路を導水路としてそのまま利用し、浄水場を設けて濾過池で濾過し、この水を浄水池に貯溜して、鉄管で配水しようという考えが骨子となっており、東京の創設水道の基本構想のもとをなしていた。こうしてまず最初に外国人の改良設計が提出され、世人の注目をひくに至ったのである。

このような形勢をみては東京府としてもこの問題をそのままにしておくわけにはいかなかった。明治九年十二月には東京府に水道改正委員を設けて、上水改良の方法や費用について調査させることになった。この調査の結果、後年の水道改良計画の基礎ともなった『府下水道改設之概略』（明治十年九月）が委員の手で書かれ出版されたのである。

この書はその後の水道改良設計の基礎となったもので、パーマーの設計（明治十八年水道会社設立願提出に当たっての設計）や、バルトンの報告書（明治二十一年の第一報告）など、いずれもこの設計を土台として出発している。

## 急を告げる飲み水の危機

そうこうしているうちにも、東京の飲み水の危機は加速度的に進行していた。
明治十七年に行われた神田区における衛生実態調査によれば、衛生上もっとも悪い地帯とされたのは神田橋より東北の地で、
三河町三丁目一六番地裏の上水井は、総雪隠・芥溜からへだたること三尺、旭町二七番地裏の上水井は宅内総雪隠から去ること二尺、永富町七番地表の上水井は、その水濁穢臭気はなはだしく、蠟燭町五番地裏の上水井は、飲用に適せぬのみか、汚泥に等しく、永富町

四五番地裏の上水井は二ヵ所とも使用できぬと指摘されている。

（『千代田区史』中巻、昭和三十五年）

これは江戸時代の裏長屋をそのまま引き継いだ神田区でも最も悪い居住環境の例だが、明治十七年の『東京市区改正意見書』をみると、こうした生活環境は当時の繁華な地区（日本橋・神田地区）にもかなりな範囲にひろがっていたことがわかる。

このころの表通りはやや体面を保っていたが、一歩裏長屋に入ると、一戸当たりの床面積三坪前後のところに、だいたい三人前後の家族が住んでいた。井戸・便所・芥溜まりが狭い空き地に並んでいて、これを共同で使用していた。便所、下水、芥溜まりの掃除は行き届かず、不潔な物が飲み水に混入して、それが伝染病流行の原因になっていた。

明治十九年二月の調査によると、掘井が四万四八九九個、上水（玉川・神田・千川の三上水）は並井、吹井等を合わせて七七五五個、合計五万二六五四個が飲料水に使用されていた。そのうち、府下一二区内の三八二五個の井水の水質試験をしたところ、約八〇％が飲用不適であった。

東京は山の手と下町に分かれていて、その人口は下町が百二万五千余人、山の手では、三十五万余人で、人口の多い下町の井水は過半数が飲用不適、山の手の井水でも往々にして飲用に供し難いものがあり、下町では過半数の市民が飲用に適さない井水を用いている状態であった。なかでも本所・深川両区では、いっそう井水に困難をきたし、朝夕船で運搬する上水を購入して飲み水にあてていた。
当時の新聞記事の中から「飲用水分析」のところを掲げておこう。

水屋（世事画報）

悪疫流行予防の為め、東京府に於ては、府下十五区の飲用水の試験を行はるる事に決し、第一に、府下芝区内の井水試験に着手し、掘井戸及び水道とも、夫々、分析せられたる上、衛生に害ある成績ありし井戸へは、悉く「此井戸水飲むべからず」との木札を井戸側に打付けられたり。
（明治十九年六月十八日付、燈新聞）

なお、飲み水を多くの家々に売り歩く稼業の者を水屋と言っていた。こうした水屋はかなりの地域にわたって活動していたようで、日本橋南茅場町のあたりでも飲み水を水屋から買っていたことが見えている。

「水屋」が朝晩二回水を運んできた。飲料に適した良い井戸水を二つの桶に汲み、天秤で担いで遠くから運んできて、台所の大きな水瓶へ入れるので、桶一杯が一銭、つまり一日四銭払えばいいのだった。そういえば、納豆も一銭だった。
（谷崎精二『明治の日本橋・潤一郎の手紙』）

水屋は市中では本所・深川の両区に最も多く、浅草・本郷・神田・日本橋・京橋などの各区でも売り歩いた。この商売は桶屋などが商売の片手間でやっていた者が多かった。桶は長さ三尺ばかりの細長いもので、上にフタをして砂ほこりが入らないようにし、一荷の値段は二、三厘であった。多くは常雇いで、毎朝水瓶一杯汲み入れて一ヵ月二五銭位というきまりになっていた。「水に不足してない者は、桶に二杯三杯の水はムダに撒きすてるのもいるが、一年に三円近い金を払って水屋の水を買入れる者を見ればどんな気がするだろう。世の人は水買う人の不自由を思って一滴の水もムダにしないようにしてもらいたい」と、『世事画報』（「市中世渡種其四、水屋」明治三十一年十月）の作者は嘆いている。

## コレラ大量発生による水道改良の促進

明治十九年のコレラの流行は、改良水道の促進に拍車をかけた。鹿鳴館時代もはなやかなこの年の夏、横浜に流行したコレラは、府当局の必死の防疫も効なく、ついに七月九日には日本橋浜町に患者が発生した。コレラはまたたく間に蔓延し、十三日には本所緑町と浅草今戸町に発生、中旬からは京橋にも流行し、日本橋・本所・深川・浅草としだいに増加し、東京一五区と郡部にひろがっていった。各所の火葬場は旧棺のつきないうちに新棺が山をなすほど、多数の死者をだした。このときのコレラ大量発生により、一五区と郡部とを合わせて、患者一万二一七一名、死者九八七九名をかぞえた。

こうした騒ぎの最中に、コレラ患者をだした多摩川沿岸の村（神奈川県西多摩郡長淵村）で、多摩川に汚物を流したというニュースが伝わった。

このニュースは東京市民を恐怖におとしいれた。ことにこの川の水を取り入れている玉川上水は皇居にも入っており、宮中の使用ということから問題は大きくなり、明治十九年八月、宮内省から内務省に、内務省から東京府・警視庁に厳重な取り締まりを指示するなど、大騒ぎとなった。

こうした事件の発生で、にわかに水道の現状に対して各方面からきびしい批判が起こるようになった。市民生活の死活の問題とする者、従来からの水道の衛生上の危険を叫ぶ者、あるいは多摩川上流が神奈川県に属しているための警察取締上の不備をつく者など、連日議論が沸騰する状態となった。

そのころ、水源地域のある三多摩地区は、当時の行政区画では神奈川県に属していたため、上流の神奈川県の区域の水源に不衛生なことがあっても、東京府の警察権が直接およばないため、しばしば問題を生じていた。多摩川の汚物投入事件による水道問題に端を発して大きな政治的抗争にまで発展し、紛糾をかさね、明治二十六年四月、ついに三多摩地区の東京府編入が実現している。

## 改良水道設計案の決定——市区改正と水道事業

明治初年から洋式の近代水道に改良する意見書、設計案がいくつも出されたが、

明治十年頃ヨリ、泰西諸国ノ上水ヲ模範トシ、種々取調ヲ尽セシモ、如何セン経済ノ許サザル所ヨリ、荏苒（じんぜん）今日ニ至ル迄、之ガ改良ニ著手スルヲ得ザリキ……

と後年（明治二十三年）、東京府当事者として担当書記官が市会全員委員会で説明しているように、当時としては財政状態から早急な実施は困難な実情にあった。

さらに市区改正の必要が痛感されて出された意見書や計画案でも、

道路・橋梁及ビ河川ハ本ナリ、水道・家屋・下水ハ末ナリ

（明治十七年東京府知事の市区改正草案）

というように市区改正の基本は道路・橋梁・河川の改正であって、水道は末とされており、水道の改良が具体化される気運にはなおほど遠かった。

しかし、市区改正事業のうち、上水道施設が衛生・保健の上から急を要する事業であるこ

とが、やがて認識され、ついに明治二十一年八月、官において、「東京市区改正条例」を公布、十月には内務省に「東京市区改正委員会」が設けられ、まず上水改良を先決として緊急に調査することがきめられた。明治七年いらいの懸案だった上水改良事業はここに政府によって推進されることになり、ようやく実行の緒についたのである。

この前年の明治二十年、「東京水道会社」の設立を計画した渋沢栄一ら九人の財界人は、東京よりひと足早く横浜に洋式水道を完成させた経験をもつ英人技師パーマーに、調査設計を依頼した。そして翌二十一年十二月、会社設立を内務大臣に出願したが、明治二十三年二月、わが国最初の水道立法である「水道条例」の公布により、

水道ハ市町村其公費ヲ以テスルニ非サレハ之ヲ布設スルコトヲ得ス

と水道布設の市町村公営主義が規定されたため、民営水道の出願は許可されなかった。しかしこのときのパーマーの設計案は、のちに決定をみた東京市改良水道設計に少なからぬ影響をあたえている。

「市区改正委員会」は、内務省のお雇い工師でイギリス技師バルトンが主としてその任に当たりまとめた設計案を基礎に、東京水道会社のパーマーの設計や、ベルリン水道部長ヘンリー・ギルの意見などを参考とし、またベルギー水道会社技師長クロースの意見も聞いたりして、日本側技術者と外国科学者陣を動員し、明治七年のお雇い外国人技師ファン・ドールン

以来のプランを練りに練って、約二ヵ年にわたり多くの意見を取捨、検討し、ついに明治二十三年四月、東京市水道改良設計が決定されたのである。

この設計は、江戸時代からの玉川上水路をそのまま利用して、多摩川の水を浄水工場（最初は千駄ヶ谷村に、二十四年十二月淀橋町に変更）に導き、沈殿・濾過ののちポンプあるいは自然流下で、木樋などは鉄管に改めて市内に給水する洋式水道であった。

この設計案は二十三年七月、政府の認可を得て府知事から告示され、九月には水道改良工事費六五〇万円も決定（のち、八五〇万円に更正）、翌二十四年十一月には水道改良事務所が開設され、いよいよ新時代にふさわしい改良水道の工事が始められることとなったのである。

## 三　永くかかった水道改良工事

### 浄水工場・給水工場の位置変更

　こうして市区改正委員会が約二年かかってようやく決定した市の水道設計は、いよいよ実施の段階に入ろうとしていた。明治二十四年のことである。

　市会はこの改良工事のために工事長をおくことを決議し、古市公威（工学博士）に工事長を委嘱した。彼は当時、内務省土木局長で非常に公務多忙な体だったので、この工事の大体を統轄するにとどめ、主任技師として、古市の推薦で、当時文部省留学生としてドイツに留学中だった中島鋭治（理学士）を適任として任用することにした。中島は古市局長のすすめで、衛生工学を研究中だったのである。

　中島は水道改良が議決された当時はまだ留学期間中だったので、内命により期限を早めて明治二十三年十一月に帰国した。当時、中島は三三歳の青年技師で、東京水道に意欲をもやしたが、東京市では公債発行などがすすまないため、まだ工事にはかかれないでいた。

　中島は二十四年三月から内務省技師補として市区改正掛に奉職したので、これまでに決まった設計を詳細に調査して歩いた。原設計には浄水工場は南豊島郡千駄ヶ谷村（旧戸田邸）に、また、給水工場を小石川区伝通院と麻布区今井町付近に設けることになっていたので、その付近の土地を実測調査した。その結果、浄水工場は千駄ヶ谷よりも淀橋地内の方が有利であること、また、給水工場は本郷元町と芝栄町に設けるのが適当と考えた。

その年の十一月に東京市水道改良事務所が創設され、古市が所長となると、中島はここの技師となり、事実上の工事責任者となった。中島はこの設計変更案を古市工事長の賛成を得て、市区改正委員長にその変更を建議し、べつに日本工学会で自分の考えている変更計画が原案よりもいかに有利であるかを、詳細に述べた。このときの中島の演説内容から、設計変更計画の要旨を掲げておこう。

原案で決まっていた千駄ヶ谷（旧戸田邸）の土地は、玉川上水路の右岸にあって、ここは凸凹高低がひどく、たくさんの盛り土をしない限りは、沈殿池や濾過池などを築造することはできない。こういう水道用の池は綿密な構造が必要であるから、新規に盛り土したような土地では危険であると考え、この付近の原野を歩いてみた。

すると、上水路の左岸になる淀橋町地内で、適当と思われる土地を発見した。しかし実測してみなければ、可否の判定をくだせない。この実測のことを市区改正掛に相談してみたが、予算の出所もなく、この希望をそのとき果たすことができなかった。

二十四年五月、中島は東京府庁に転任したが、仕事の内容は全く変わらないので、なんとかしてさきにいだいた自分の考えを確かめようという希望は、一日として忘れることができなかった。

幸いに、原竜太（理学士）の協力によって、約二ヵ月かけて測量したところ、結果は意外な高地であった。ここに浄水場を作るとしたら、近くから玉川上水を分流させることはできないが、少し上流へさかのぼって分水口を設け、堰堤を築造して新水路をつくり、その傾斜をゆるやかにすればこの目的が達せられるのではなかろうかと考えて、さらに代田橋の近くまで測量してみた。そしてこの考えは正しいことがわかった。

もともと千駄ヶ谷の地を選んだのは、ここが四谷大木戸からわずか八〇〇間（約一・五キロ）の上流に位置し、当時の水路（旧水路）よりも約二〇尺（六メートル余）低いので、この落差を利用して、なるべく旧水路を使用することとし、市街に近いところに浄水場を作って工費の節減をはかろうとしたのである。

しかし精細に調べてみると、この案には次のような欠点があった。すなわち、千駄ヶ谷から代田橋までの間は水路がいちじるしく南方に迂回しており、直線路にして二二六〇間（四・一キロ余）に対して二八〇〇間（約五・一キロ）の迂路となっていることである。この間の水面の落差は一八尺余（約六メートル）だから、代田橋付近から淀橋までの間に、だいたい二〇〇〇間（三・六キロ余）の距離の新水路を築造すれば、浄水場の沈殿池水面は千駄ヶ谷のときの高さよりも一五尺余（約五メートル）高められる。

こうして沈殿池の水面を高くすれば、高地給水区域については、その給水量を高さ約五メートルだけ汲揚するポンプ動力を減少させ、また、低地給水区域についても、それぞれの給水量に対するポンプ動力の減少となる。従って石炭消費量、器械ポンプ類購入価額の減少、または鉄管口径の縮小、あるいは、送水量の増加となる。そのほか施工上、給水の安全上からも、利便があるので、給水工場の位置も同様に、既設計のものをそれぞれ変更した方がいい。

市区改正委員会でもこの案を採用することとなって、委員長から内務大臣に上申した。かくしてこれは閣議にもちだされて通過し、二十四年十二月認可となり、府はこれを公報に告示し、「千駄ヶ谷村ヲ淀橋町ニ、麻布小石川近傍ヲ本郷芝」に改め、新たに「但シ淀橋町給水工場ヨリ以西二千余間ハ新ニ水渠ヲ開鑿ス」をつけ加え、水道改良の設計はここに確立し、いよいよ工事にかかることになった。

三三歳の青年技師中島鋭治の卓見で、約五メートルの落差を無駄にしないために、浄水場と給水場の位置変更がここに実現したのである。

中島技師は古市所長のあとをうけて、明治三十一年に工事長となった。この創設水道工事を完成させ、さらに次にひかえる拡張事業などにも大きな足跡を残した。

明治三十二年に工学博士の学位を授けられ、大正十四年に六八歳で死去したが、それまで東大教授として、また全国各市の上下水道建設に参画し、明治・大正期の水道界に大きな貢献をしたのである。

## 改良水道着工以前のつまずき

改良水道の建設工事は順調には進まなかった。まず財源調達のための東京市公債の募集期が遅延したことである。

改良水道工事の支出経費を調達するには、一般市民に公債を売り出して、それによって予定の収入を得て工事を完成させる。その返済は給水後の料金収入によって償却していくという方針であった。この公債の見とおしがつけば、まず淀橋浄水工場と、芝・本郷の各給水工場の用地買収にかかる予定にしていた。

ところが、市公債の募集に当たって、市中の国立銀行では市公債を所有することができないというような巷説が流されたため、募集価格が下落して非常な苦境に陥った。事業そのものも今のうちに中止してしまった方がいいという声までが高まってきたほどだった。ひたすら各方面への働きかけなどの努力をつづけたが、問題は解決しなかったため、ついに市独自の立場で募集を行う決意を固めて、第一回の募集を行った。これがまず手違いの第一歩だった。

こうして第一回の募集は行われたのだが、一般市民の間には、水道改良工事を公債募集して財源を作ってまで行う必要はないとして、事業そのものに異議をとなえるものが、各区の有志から出てきた。この工事中止論はなかなか盛んでやみそうもなく、明治二十四年十月ころから二十五年初めにかけて、工事中止の建議を提出するものは一万八〇〇〇人以上にもなり、世情は騒然として、このため工事の段取りにもとりかかれなかった。

その論旨は大同小異だったが、要するに、

(1)市民としては租税負担の軽減を熱望しているのに、水道改良事業などのために負担が増加するのは、とうてい堪えられない。

(2)水道樋管には大金を投じて鉄管を使用するというが、鉄管は果たして地面の中で腐蝕しないで永久に堪えられるものなのだろうか。また強烈な地震にあっても大きく破損しないものなのだろうか。これらの研究がまだ十分にされていないのに、軽々しくこうした大事業に着手することには賛成できない。

というにあった。

金のかかる新式水道で住民の負担増加に反対し、また新しい改良水道技術に不信をいだいたことから、工事中止の世論が沸騰したのである。

市会もここに至って、至急決定を要する水道改良関係議案の議決を、全部見合わせるような有り様となってしまった。これが二番目のつまずきであった。結局、明治二十四年十二月に提出した淀橋浄水工場の用地買収の議案は、翌年四月になってようやく可決されたのである。

水道用地の買収という問題が、これまた厄介なことであった。淀橋浄水工場の用地は十万余坪と面積が広く、調査や測量にかなりの日時がかかる。しかも用地買収の段取りになると、地主や建物所有者の申し出が非常に高値で価格の折り合いがつかず、用地買収ははかどらなかった。市参事会は水道布設事業が市区改正条例にもとづくものであるから、東京市区改正土地建物処分規則によって買収を強行すべきだとして、内務省に申請するなどのことがあって、かなりやかましい問題となった。

用地買収は淀橋浄水工場の用地ばかりでなく、新水路の用地も、芝・本郷の各給水工場の用地についても同様に、地主側の値段と折り合いがつかないことが再三あって、市当局を悩ませた。

しかしこうして用地買収の不成立でいつまでも工事を延ばしているわけにもいかないので、二十五年九月二十一日より、まず淀橋事務所建築の盛り土に着手し、買収不調の分はそのままにして、その年の十二月二十一日より新水路余水吐き築造工事に着手した。

これで改良水道工事もその第一歩を踏み出したわけで、二十六年四月には全部の用地買収を完了し、十月二十二日には淀橋浄水工場で盛大な起工式を挙行するところまで漕ぎつけたのである。

このあたりがまだ東京府下南豊島郡角筈村といわれていたころは、武蔵野の草深い郊外で、あたり一面が農地と茅地であった。田山花袋は『時は過ぎゆく』という自伝的作品で、明治四年から大正五年までの約四六年間にわたる世の移り変わりを扱っているが、その中にこの浄水場の建設工事がリアルに描かれている。実際に花袋はこのあたりは親しく見聞していたはずだし、そのことで水道につよい関心を寄せていたのだろう。

地所の売買が済むと、時を移さず、浄水池の大工事が始められた。（略）市庁からは、市長や助役や技師や属員が沢山にやって来て、先づ最初に、空地（あきち）のところどころに土木の小屋掛をした。
（『時は過ぎゆく』）

この作品の主人公良太の整理した六万余坪と、そのほかの農家の所有のとあわせて十万余坪というのだから、いろいろなものが取り片付けられたあとの広大な地面は、荒漠として一目で見渡され、遠くはなれた道路を通る人びとの姿も小さく手に取るように見えたことだろう。

処々にはまだ片附け残された檜（ひ）の木（き）や、榧（かや）の樹などがぽつつり立つてゐるのが見えた。丘といふほどではないが、高く低く地面が連（つらな）つて、その向うには今まで林や竹藪に遮（さへぎ）られて見えなかつた十二社（さう）の森がこんもりと見えた。
（同右）

あちこちに土木の小屋掛けが立てられ、洋服姿の技師や腹がけをした親分たちがときどき現場にあらわれるようになり、小屋掛けの中には、焚き火の上に瀬戸引きの紫色の薬缶がかかっていて、技師が二、三人何か話をしているところまで作品には書かれている。この一角を東京で初めての浄水工場の建設地に選び、明治時代の官員さんの服装をした関係者がせっせと測量をしている写真ものこつている。

小屋掛の中には、新しいパナマ帽を冠つた技師だのリンネルの白い洋服を着た技手などが五六人常に出入した。（略）其処にはテイブルが置いてあつたり、測量機械が置いてあつたり、インキ壺に並んで設計図がひろげられてあつたりした。（同右）

そして、町の人たちは、会えばすぐこんな話になる。


「一体、何年かゝるんです。工事は？」

「浄水池ですかえ。」

「え。」

「三年や四年はかゝるんでせうよ。あそこをあら方掘りつぶして、そして、上水を引くんだつて言ひますからな。」

「それは大変だ。……それにしても、何処から引くんです！」

「なアに、ぢき向うの処に、閘門（かふもん）を拵へて、一里ほど先きから引くんでせう。」（同右）

## 前代未聞の式典

明治二十四年十一月に水道改良事務所がまず設けられて、改良水道工事の準備がはじまったのだから、このときが改良水道工事着手の第一歩と言ってもいい。しかし、前記のような事情で、着手が大幅に遅れてしまい、工事の第一歩を確実に踏みだすことができたのは、二十六年十月二十二日の起工式からである。式典は淀橋浄水工場建設予定地に三〇〇〇人を招待して、盛大に挙行された。

ところで、当時、こうした高額な予算を要する起工式を開くことに、市会の一部では反対者がでていたということである。

「地固め、即ち手斧の初めの御酒という意味の地鎮祭ならば、もう遅いのではないか。いまそんなことをするよりも、水道工事が竣工してから盛大にやったらどうなのか」とか、なかには、「鉄管布設についても良からぬ噂がでている折でもあるから、このような気楽な起工式など開こうものなら、また水道工事中止の運動者があらわれて、かえって藪蛇の結果にならないとも限らぬ」と心配する者もでる始末だったが、結局、「この改良水道事業に対してはいろいろな風聞が伝えられて不快な折りでもあり、この際、縁起直しに八百万神（やおよろずのかみ）を招いて水道改良事業遅滞の悪魔払いという趣旨で挙行すべきだ。地鎮祭というのはほんの名ばかりと考えてよかろう」という意見に賛成多数で、ついに起工式挙行ということにまとまった、と伝えている新聞（明治二十六年九月二十四日付、時事）もある。

このときの起工式の盛会さはよく噂話にのぼるほどであるが、東京としての大事業の出発点という意味で、この起工式は記念すべきものとなった。

水道起工式のために上野から赤羽をへて新宿に至る線と、新橋から新宿に至る間に特別列車を仕立てて、当日の来賓、朝野の貴顕紳士三千余名を運ぶということは、当時としては全く破天荒のことで、いかに府および市参事会がこの日に期するところがあったかがうかがえよう。

午前十時、来賓は式場に到着。このとき市中音楽隊の奏楽あり、数十発の煙火が打ちあげられた。「この日秋天拭うが如く、風徐ろに良袂を吹き……」と美文調の報道もなされている。やがて仮設の藁屋に火を放って失火の真似をすると、忽ち一隊の消防夫が現れでて、消火栓にポンプを接し、管口を火災の方に向けると、「噴水飛沫白虹の如く」、その勢いすこぶる烈しく、見る間に猛火を消し止め、改良水道の効果を認めさせようと大いに宣伝した。

とにかく、東京中が大騒ぎであった。

起工式は無事にすんだが、工事の進行にはなおいくたの困難が待ちうけていた。折から日清戦争の勃発で材料、工夫の不足に悩まされ、戦後はインフレで物価上昇をきたし、鉄管納入事件の発覚で、鉄管布設をやり直すなど、工事の進捗に大きな支障をきたした。

水道工事もかなりに面倒であつた。私は牛込の山の手の町の通りが、すつかり掘り返されて、全くの泥濘に化し、足駄でも歩くことが出来なかつたのを覚えてゐる。私の歌の師匠の住んでゐる田町の細い通などは殊にそれがひどかつた。

「丸で泥海ですな。」

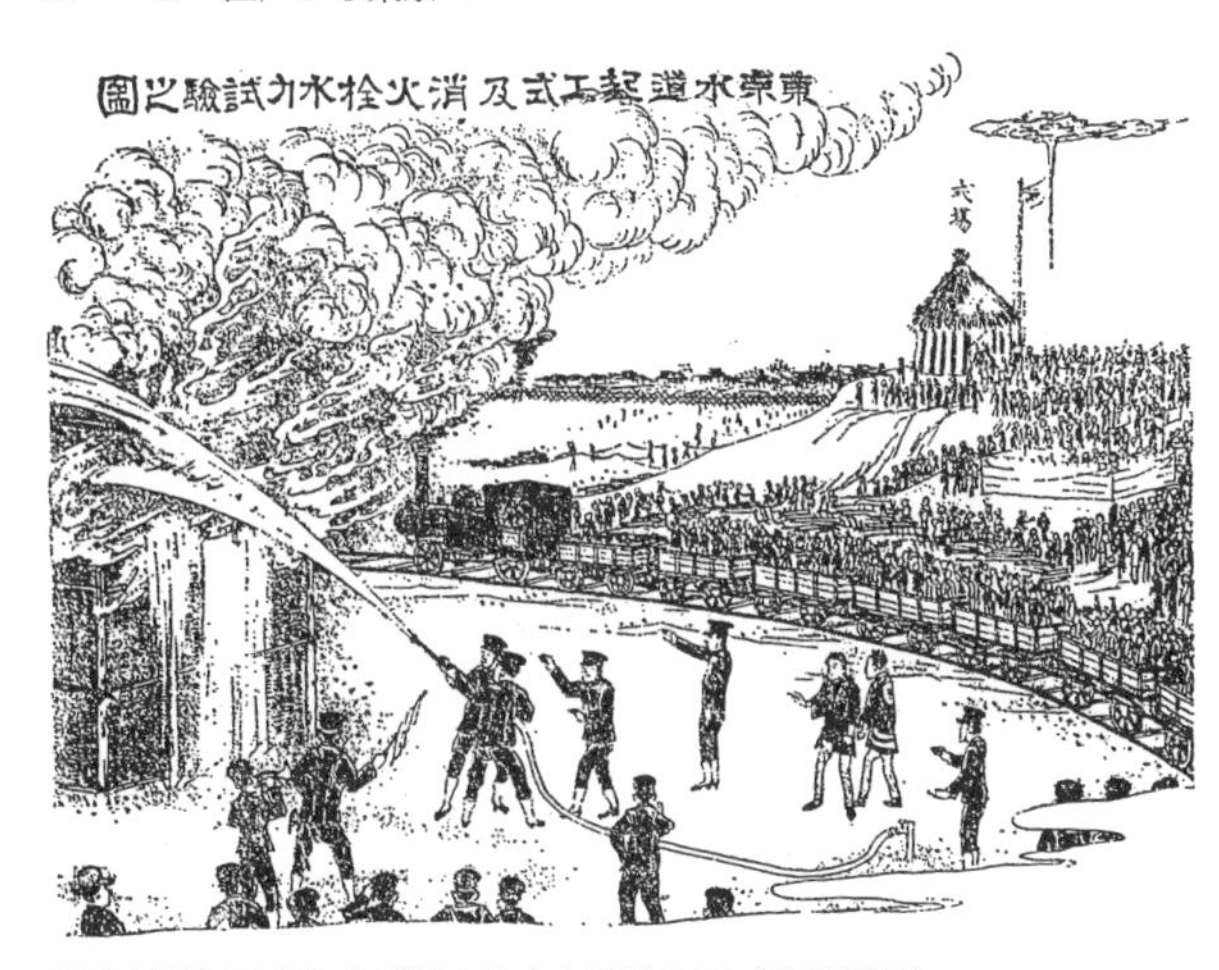


東京水道起工式および消火栓水力試験の図（風俗画報）

「何うも水道工事でな。」

かう師匠も言つた。

鉄管が彼方にも此方にもごろごろところがされて、泥鼠のやうになつた人足が、朝の寒空に、焚火をして、その周囲を取巻いてゐたりした。例の鉄管事件などといふのがその頃にあつたのである。（田山花袋『東京の三十年』市区改正より）

当時の市中の道路は、大通りでも馬糞や塵埃で大変なもので、雨でも降ると膝がうずまるほどの泥道となった。銀座の真ん中で農夫が田植えをやっているポンチ画が新聞に掲載されていたというから、場末の町々は推して知るべしといった状態だった。改良水道工事で道路を掘鑿するのだから、その泥濘ぶりは大変な

淀橋浄水工場用地の測量

ものだったろう。

水道鉄管事件というのはこうである。水道用の鉄管を製造する目的で東京の月島に日本鋳鉄会社ができて、そこで製造した鉄管を購入してもらいたいと東京市に願い出てきた。市としては、なにぶん日本で鉄管などをつくった経験はないし、優秀品ができるかどうかわからないから、やはりこの際は外国から優秀な製品を買った方がよかろうという考え方であった。そのころ市参事会員であった渋沢栄一などはこの急先鋒だった。鋳鉄会社の人びとは、外国品を買うなどという者は売国奴だ、などと罵って、のちには壮士が渋沢を路上で要撃したが、渋沢はあやうく難をのがれた、というような話ものこっている。

鋳鉄会社は強引な手段で無理押しに日

淀橋浄水場（明治30年代）

本製の鉄管を東京市へ売りつけたが、果たせるかな、当時の日本製の鉄管は出来がわるく、検査に不合格品がたくさん出て、鋳鉄会社は莫大な損失となった。

　すると会社側では苦しまぎれに、不正な手段を考えて、夜間ひそかに不合格ではねられた鉄管の刻印をけずりとり、合格品とごまかして市へ納入した。幸いにして早くそのことが発見されて、会社の社員がぞくぞく逮捕され、のちには会社の重役や技師長にも波及し、さらに事件は政治的にも発展して、市参事会員の辞表提出、府知事への辞職勧告、再度にわたる市会解散などから府知事の辞職となり、大きな混乱を生じた。

　これらの事件のため、改良水道工事の進行に大きな頓挫をきたした。不正鉄管の敷設替えという面倒な結果となった

淀橋浄水場正門（明治末年）

が、幸いなことにこれ以前にベルギーおよび英国などの外国の鉄管会社と契約した鉄管がぞくぞく到着し、その敷設に全力を投入したので、中止していた期間の工程をおぎなうことができ、全工程の上ではそんなに大きな狂いは出さずにすんだ。

改良水道工事は多くの困難をのり切って、明治三十一年十一月には施設の大部分が竣工し、十二月から通水開始、それより給水区域はしだいにひろがり、三十二年十一月には市内全部に及んだ。三十二年十二月十七日には淀橋浄水工場で盛大な落成式が挙行された。来賓には各皇族殿下を始め、各大臣、貴衆両院議員、府会議員その他一五〇〇名ほどが参会し、午前十時三十分から水神祭を行った。式を終えてから余興として陸軍軍楽、能・狂言、剣舞、花火などがあり、近来稀なる盛会だったという。

裏の浄水池がすつかり出来上つてからも、もう二年や三年は経つた。大きな赤煉瓦の建物、（略）大きな工場の煙突、凄じく湧くやうに漲り上る煤煙、電車が出来るので広く取りひろげられた通り、（略）誰が昔此処に畠があり、林があり、竹藪があり、水車小屋があつたと想像するものがあらう。
（田山花袋『時は過ぎゆく』）

この創設工事が全部完了したのは明治四十四年で、一日二四万立方メートル（当時、日本最大）の規模に増強された。

以来、明治・大正・昭和の三代にわたって都心部への給水を担当する動脈源として、東京の水道といえば、淀橋浄水場・玉川上水・羽村取入口と一連の合い言葉で市民に親しまれてきたのだが、今はもう淀橋浄水場は跡形もなくなり、このへん一帯には超高層ビルが立ちならんでいる。これは新宿副都心計画によって昭和四十年三月に淀橋浄水場は廃止、その浄水機能は戦後できた東村山浄水場に移転併設されたもので、この経過についてはのちにくわしく触れなければならない。

# 四　文明開化の水

## 創設水道の通水開始

明治三十一年は記念すべき年であった。この年の十月一日には市制特例廃止による東京自治市が誕生して市役所が開庁、水道改良事務所は市水道部と改められた。淀橋浄水工場の施設も十一月にはだいたい出来上がり、市民にできるだけ早く給水するために、通水の準備を急いだ。

市内のうちでは、神田区（神田川以北を除く）と日本橋区がすでに鉄管の敷設が終わっていたので、まずこれらの地区へ通水を開始したのは、その年の十二月一日のことだった。

江戸時代も最初の水道である神田上水が、神田・日本橋地区に給水されたのと同様に、この近代水道も神田・日本橋地区から給水を開始したという因縁がある。これらの地区は下町低地の人口密集地域なので、とくに給水が急がれたものなのだろう。

まず鉛管取り付け工事に十二月から着手し、出来上がったところから給水を開始することになった。ところが淀橋浄水工場では濾過池内の水漉砂の敷きならし工事が未完成だった。

しかしいったん沈殿池で沈殿させたものは無色清浄で、飲料に供し得るので、鉛管取り付けがすんですぐにも給水を希望する者には、水漉砂で濾過した浄水ではないこと、つまり沈殿水の供給ということの承諾書をとって、給水規則で決められた水道料を支払うことを条件に、給水することとした（明治三十一年十一月十九日、市参事会議案）。

濾過水を給水するようになったのは翌三十二年二月に淀橋浄水工場の第二号濾池の濾過床が完成してからであった。

ところで、これまでの神田・玉川上水などの水道料（水税）は、すべて地主の負担であって、地借り、店借りの人びとは無料で使用していた形だった。改良水道になっても同様にすべて地主の負担ではないのか、というような意見がでて、取り扱いに迷っているところが多かった。

しかし新水道（洋式改良水道）では水道条例によって使用料金は東京市と住民の関係となっており、市と地主の関係ではない。いずれも市が規定する料金は実際に水道を使用する者が納めなければならないと決められた。当時の新聞（明治三十一年十一月三十日付、読売新聞）などにもこのことが掲載されている。

この創設水道は鉄管の敷設工事が進むにつれて給水区域はしだいに拡がり、迅速に、それこそ驚くばかりの使用者利用者が増加していった。

この時点で、玉川・神田両上水は明治三十四年六月、千川上水は四十年六月にそれぞれ給水を廃止され、江戸時代から親しまれてきた江戸ッ子自慢の上水は改良水道にとってかわられたのである。

この改良水道の給水方法には、放任と計量の二種類があった。一般の家事用のものは放任制とし、とくに多量の水を使用するか、あるいは特別の用途に使用するものが計量制になっていた。

放任制というのは税金と同じように一年単位に金額をきめていたので定額制とも言われた。一栓につき一戸五人までは金五円で、それより五人増すごとに二円ずつ増加する、というように使用する人数できめられた。

計量制のものは大体一ヵ月を単位にして、量水器（メーター）で使用水量をはかり、多く使えば使っただけよけいに水道料金を支払う仕組みになっていた。この水道料金のほかに量水器使用料も徴収されていた。

一戸専用の装置を設けられない人のためには私設共用栓（共同水道）が設けられた。たとえば長屋六戸が共同して一つの水道（一栓）を引用すれば、料金は一栓につき六戸までは八円で、それ以上一戸増すごとに五〇銭ずつ払えばよい。とくに市設（公設）共用栓は水道をひくことのできない者のために設け、低料金で給水した。一般公衆用の水道として道路上に設けたものの給水は、無料とした。

ちょっと変わっているのは放任制の普通専用栓で、これには牛馬を飼養する者に、今日の自動車のように自家用、営業用を区別して料金を徴収していたことである。当時は交通・運送用に牛馬が広く利用されていたのである。

なお公設共用栓の中の一般公衆用として、道路上に設置したものに「馬水槽」がある。水道局の給水台帳の中の麴町区公設共用栓綴に、「市設共用栓十七号　英国寄贈馬水槽」というのがそれである。高さ約二・六メートルの赤色の美しい花崗岩(かこうがん)を磨き出した円柱から成り、頂上の付属品を合わせると三メートル余の高さになる。その用途は、往来に面して前面の上部に牛馬の水飲み場として幅三メートル、高さ約一メートルの水槽があり、その下に犬猫用の水槽がついている。その裏側が人間の水飲み場である。

この馬水槽が日本にやってくるまでのいきさつには、こんな話がある。ある英国人が日本に滞在中、水が飲めないために路上で馬が行き倒れする光景を見て、帰国してから実情を報告した。これがきっかけとなって、ロンドン市の牛馬給水槽協会が東京市（当時・尾崎行雄(おざきゆきお)市長）へ寄贈することになったのだと言われている。

馬水槽（淀橋浄水場構内）

明治三十九年十一月四日、市設共用栓として給水を開始した当初は、東京府庁舎前に設置されたが、その後、大正七年頃すぐそばの水道局庁舎寄りの位置に移転し、永くこの場所で給水をつづけた。その後、昭和三十二年から淀橋浄水場構内に移されていたが、三十九年に新宿駅東口（現在地）

に移った。新宿駅のシンボルとして、動物愛護週間第一日の九月二十日、装いを新たにして、除幕式が行われた。

なお、この水飲み場には、除幕に先立って、一般公募による愛称募集が行われ、全国より約三万通にわたる応募の中から〝みんなの泉〟の名前がつけられた。

## 水の出る不思議な柱

明治三十五年発行の石井民司(いしいたみじ)(研堂(けんどう))著、少年工芸文庫第二編「水道の巻」を見ると、このころの青少年向けの水道教科書としては、内容にかなり専門的で高度なところもある割に、明治の洋式水道を技術的に、しかも解りやすく物語などもまじえて説明している。

その中の物語として、さる近郊の村の親分株の老人が、赤十字の総会で終身会員の記章を胸にかけて初めて上京したときのことである。宿屋の水道栓を見て珍しく思い、下女に色々と質問して水道の奇巧にびっくり仰天する話がでてくる。

まず台所の中の小さな柱の栓をひねると、米をとぐ水でも鍋を洗う水でも、ひっきりなしに出てくる。据え風呂に水を汲むのでも白い管(くだ)を長く引いて、湯槽(ゆぶね)の上にのせておきさえすればひとりでに汲めてしまう。

道路に出て見ると、鉄の太い柱が立っていて、そこの疣(いぼ)につかまりさえすれば、水がどんどん吹き出してくる。貧困者は鉄瓶を持っていって汲んでくるというのだから、東京中では

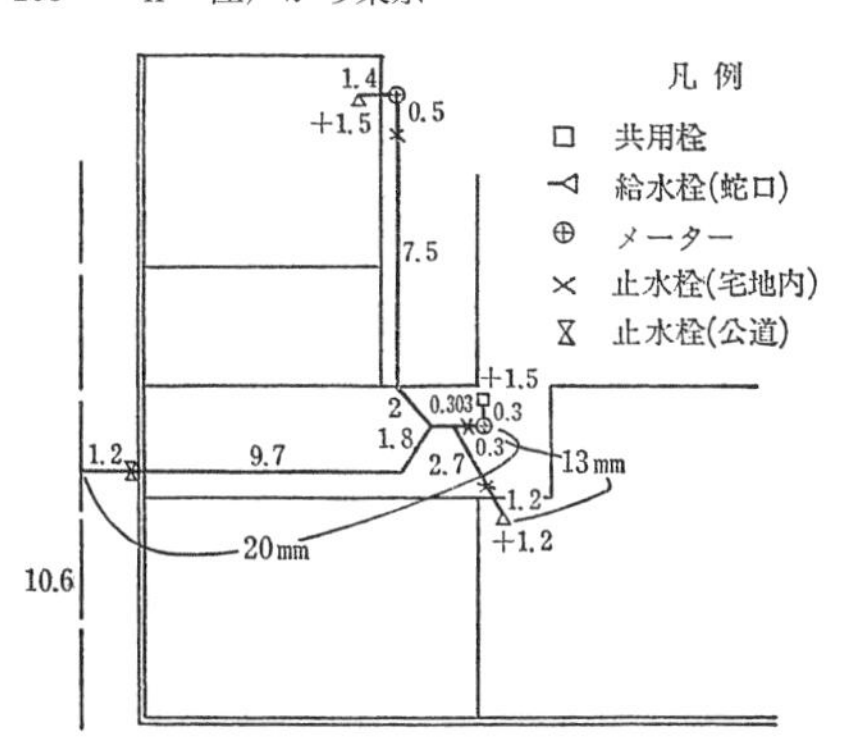


明治37年9月新設の共用栓
京橋区新佃西2

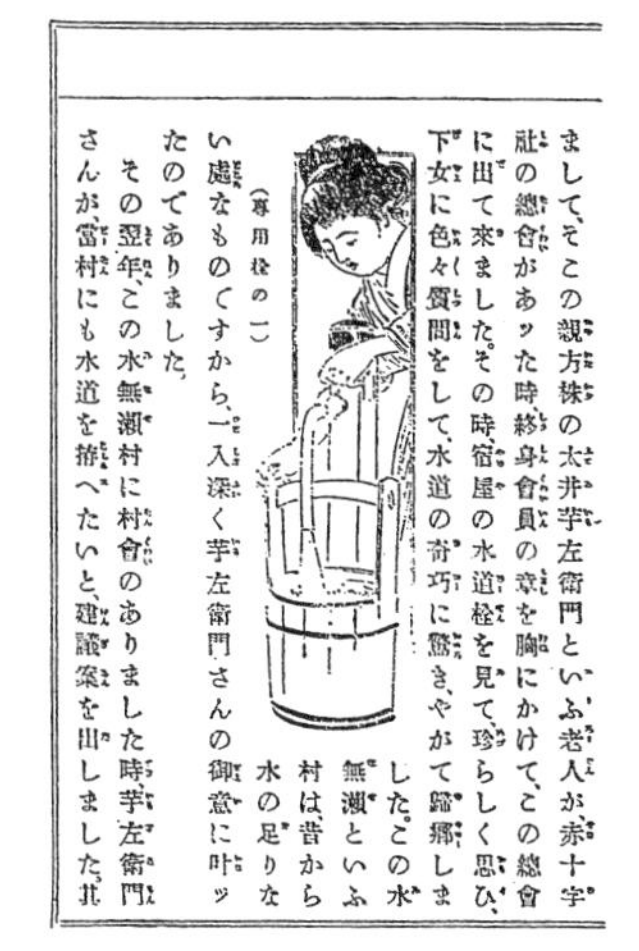

ましてそこの親方株の太井芋左衛門といふ老人が、赤十字社の總會があッた時、終身會員の章を胸にかけて、この總會に出て來ました。その時、宿屋の水道栓を見て、珍らしく思ひ、下女に色々質問をして、水道の奇巧に驚き、やがて歸郷しました。この水無瀬といふ村は、昔から水の足りない處なものですから、一入深く芋左衛門さんの御意に叶ッたのでありました、

その翌年、この水無瀬村に村會のありました時、芋左衛門さんが、當村にも水道を拵へたいと、建議案を出しました。其

(專用栓の一)

下女の水くみ

手桶など使っている者はないという。

もっと不思議なのは、道路上に鉄ブタが埋設されていて、火事の時にそのフタをとりのぞけば、水が十何丈か吹きぬけるそうで、大火事にしないですませられる。——

そこには改良水道を初めて見る人びとの物珍しさと同時に、その便利調法さに驚嘆する有り様がユーモラスに語られている。

さて、改良水道の完成で当局者や識者の喜びようは大変なものだった。だいいち、雨天の時でも、旧上水のときのような濁りなどなく清浄な水が飲めるし、屋外にある共同水道の場合でもそれほど労力は使わずとも汲んでこられて、なかなか便利にできている。

明治時代の共用栓

ところが、東京ばかりでなくどの都市の創設水道でも、給水開始当初は一般市民の反応は微妙で、予想していたほどの給水申し込みはなかったようである。

では市民は、この衛生的にも安全で防火上にも威力のある洋式水道について、どう感じていたのだろうか。

当時の新聞を見ても、落成式とか特別な事件でもないとあまり扱っていないようだが、『風俗画報』（明治三十二年七月発行、第一九二号）にのっている落首の一部を掲げてみる

と、

　風俗画讃「水道鉄管」

武蔵野の逃水ならで鉄管も　行届きたる御代ぞかしこき
水あげもよき鉄管を池の坊　花の都の飾りとも見め
横たへる様は竜とも見ゆるかな　水をよぶてふ水道鉄管
馬車くるま走る大路の下にまた　水もかよへる鉄の管

さらに共用栓については、

行届く恵みの水は世の人の　為に市設の共用の栓
酒好む車夫の住まへる裏家とて　くたを引込む共用の栓

といずれも水道礼讃のものが目につくが、しかしなかには先立つものは何とやらで、

水道の共用栓の入費にも　首を捻って居る独り住

また新聞投句に、

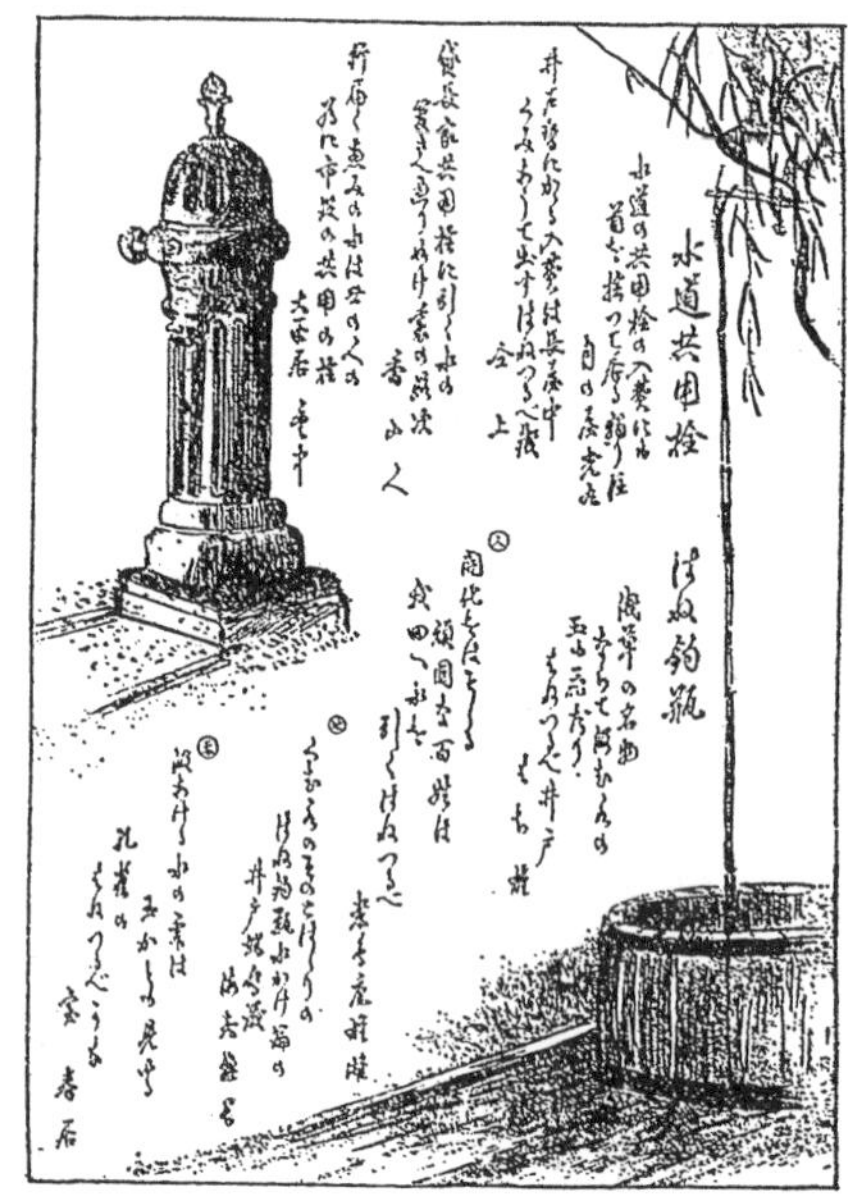


水道共用栓、はねツルベ（風俗画報）
多くは屋外へ共用栓が設置されたが、しだいに屋内台所に専用栓が引かれるようになった。

鉄管の口から水を家に引き　腹をいためて出す税金

たくさんの落首や新聞投句などを見ると、讃美やらひやかしなど、さまざまだったようである。

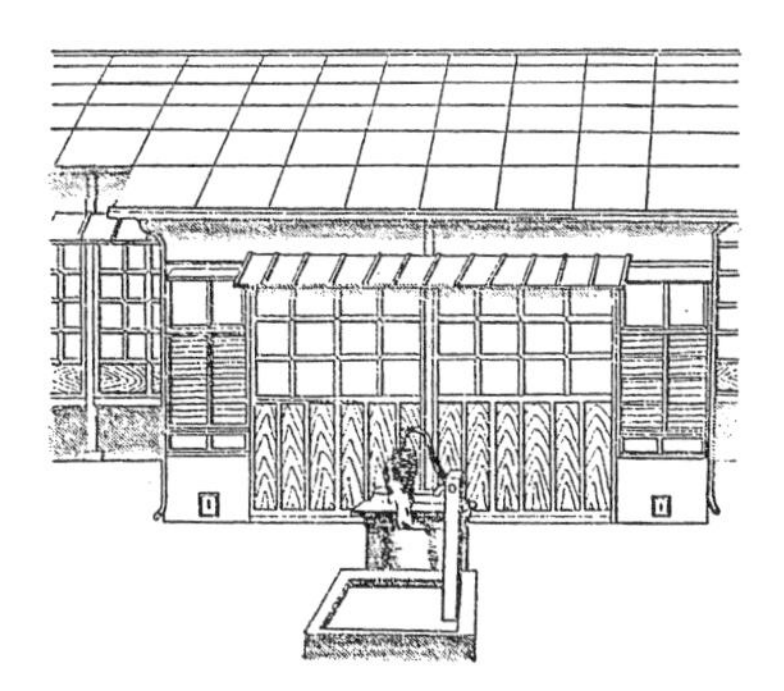

屋外共用栓（水道協会雑誌第475号）

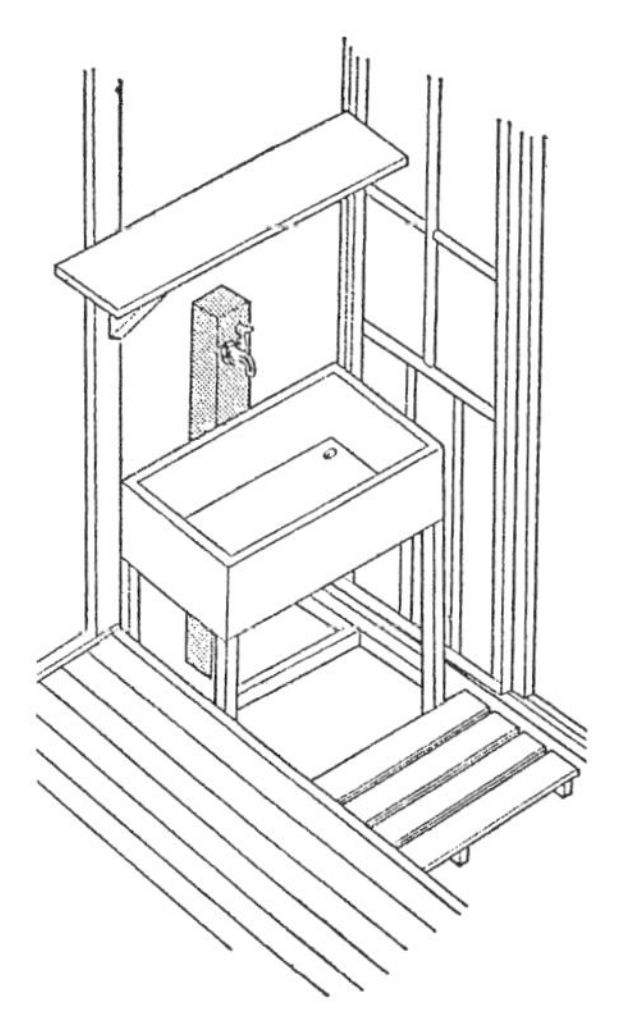

屋内専用栓（水道協会雑誌第475号）

これは、これまで使っていた井戸水に対する郷愁が捨てきれなかったこともあったろう。あるいは、これまで直接費用がかからなかったのが工事費や使用料を払ってまでも給水をうけることに抵抗を感じたものもあったろう。

しかし新たにできた改良水道が、旧水道とは比較にならないほど衛生的であり、生活上の便利さからいってもはるかにすぐれたものであり、さらにその防火威力を眼の前に見ると、改良水道に対する認識は改まってきて、それまで強硬な不満分子なども一転して水道礼讃にかわってくるなどして、水道の給水申し込みは日増しに増加してくるようになった。

当時の市民一般の生活水準はどちらかというとあまり高いものではなく、おおむね棟割長屋のような建家で生活している者が多かった。こうしたところでは、ほとんどが数戸または数棟が屋外に設置した一つの共用栓（共同水道）を使用するといった状態だった。独立した各戸に給水するいわゆる専用栓を引きこんでいるのは、富裕なごく限られた家で、その数も多くなかった。しかもその場合でも大体、水栓は屋内の台所に一ヵ所設置して、炊事や洗濯その他の雑用などに使用しているといった形態が普通であった。

## 改良水道（欧米式有圧上水道）の給水システム

一般に近代式改良水道以前の旧水道は、浄水設備のようなものはなく原水のままを供給し、またポンプなどの動力も使わず、圧力管路も持たなかった。沈殿・濾過・薬品消毒・ポンプ圧送の設備は近代式改良水道になってからできたもので、旧水道の木樋や石樋の代わりに鉄管や鉛管を用い、各戸への給水も近代になって普及したものである。

明治三十一年に東京の地に通水を開始した創設改良水道は、これまでの玉川上水路をそのまま導水路とし、市外淀橋町に浄水場を設けている。

まず玉川上水の水量であるが、これは季節と天候とによってつねに増減している。平常における流量は、羽村引き入れ水量毎秒四五一立方尺、和田堀新水路水量毎秒一七〇立方尺、となっており、羽村取入口から和田堀内村まで約四〇キロの上水路を流れてくる間に、約三分の一に減じてしまう。

この約四〇キロの上水路の部分は、徳川時代の施設そのままであって、従来から慣行的に取水されている多くの灌漑用分水（明治末年当時一四分水）が多くの水量を引いていた。また上水路自体が単に地面を掘り割って開通させただけの開放水路なので、長距離を流れてくる間に地下浸透（漏水）や水面蒸発などもあって、羽村の引き入れ口で流入した水量の約三分の二は淀橋浄水場に至る間に減少してしまうのである（明治四十四年三月『東京市水道小誌』東京市水道課、による）。

この玉川上水を流下してきた水は、和田堀内村のところで一つは新水路を通って淀橋浄水場内の沈殿池に入り、他はいわゆる余水吐きより旧上水路に放流される。浄水場内に入った水は沈殿のときに濁りがひどいと、硫酸バンドを注入することもある。沈殿させて澄んだ水はさらに濾過池で砂濾しをして、清浄な水となる。この濾過した水は鉄管により市内に送られ、さらに各戸に給水されるのである。

和田堀新水路を開通したことは前にも述べたが、江戸時代に羽村から玉川上水路を開削したとき、この和田堀内村まできて、ここからまっすぐ直線路をとって掘り割れば近距離だったが、この途中には低湿地帯が横たわっていたため、これを避けて南の方に大きく迂回して開削した。和田堀内村から四谷大木戸までの従来の玉川上水路が非常に南の方に迂回しているのはこのためである。

改良水道の創設工事では、淀橋の高地に浄水場の用地を選んで、市内に高い水圧を保たせる設計によった関係で、和田堀内村から下流はとくに直線路を選んだ。この部分の低湿地には盛り土をした。浄水場の掘鑿残土は築堤に使用された。地勢の最も低いところを横断するのに、築堤の高さは三〇尺近くにもなった。施工には特に念を入れて、その築堤した上にコンクリート造りの台形水路を完成させた。その延長は和田堀内村から淀橋まで約三・九キロで、これをその時から新水路と名づけ、和田堀内村から在来の迂回路を旧水路と名づけてきたのである。

創設の淀橋浄水場は、多摩川の水を緩速濾過して浄水を都心部に供給することになった。場内には沈殿池・濾過池・浄水池などの設備がつくられ、これにともなってポンプ機械や汽缶、ポンプ機械室、蒸気機関室、節炭室（石炭の消費を節約するためのもの）、煙道・煙突などを設けた。

送水にははじめは電力を用いず、蒸気機関によっていた。当時の写真には、二本の大煙突からさかんに煙をふき上げている光景が見える。ほかに砂洗場、明礬（みょうばん）注入所、資材運搬用の専用鉄道なども設けられた。

> 新宿の青梅街道口にて、電車を下り、青梅街道を西へ二三町ゆけば、淀橋浄水場あり。近傍の人は、単に、ためといふ。水をため置くの意味也。これ、近年、東京市が、八百五十万円の金を投じて設けたるものにして、一個の大烟突、高く空に聳ゆ。多摩川上水の水、こゝに来り、ためられ、濾され、浄められ、蒸気ポンプの力にて鉄管に吸（ママ）みあげられて、都下に分流す。烟突は、その蒸気力をつくるためにのみ用立つもの也。人の身体にたとふれば、こゝは、心臓にして、全都の地下にひろく行きわたれる大小の鉄管は、なほ血管の如し。
>
> （大町桂月著『東京遊行記』、明治三十九年発行より）

淀橋浄水場から出ている鉄管の幹線は、浄水池（浄水の溜池）から全市にわたって放射線状に出ている。これを細かく見てみると、濾過した水量の約三分の一は淀橋からポンプで直接山の手方面の高地に送っている。水量の三分の二は淀橋から自然流下式でいったん芝と本郷の給水場（それぞれ浄水池一池を設けてある）に送って、そこから需要地に送られた。

かくして創設改良水道は新時代にふさわしく新装をととのえて登場し、計画の当初は、一日の給水能力は六〇〇万立方尺（人口一五〇万人に対し一人一日当たり四立方尺）を標準としていた。しかしこのままではとうてい都市の発展にともなえないので、中途で数回にわたり改良増設を行って、明治四十四年に全工事が完成したころには、一日の給水能力は八〇〇万立方尺（人口二〇〇万人に対し一人一日当たり四立方尺）に増加した。

東京の水道はもうこのころから夏場の最多需要期には設備の標準量の約五〇％も多く水が使われて、配水管の末端に近い地域では、朝夕の水圧がひどく低下して断減水するほどになっているところが生じた。

このため新規の拡張事業は緊急欠くことのできないものとなり、創設改良水道が竣工する以前から、すでに次の拡張の準備が始まっていた。

だが拡張工事といってもすぐには完成しない。それまでは市民全体の公徳心に訴えて、自分が多く使えばそれだけ他の人に迷惑をかけるということに注意して、たとえば炎天に撒水するといった水の濫用は厳につつしむよう、手桶一杯の水でもやかましく言わなければならなかった。

新水路築造工事（明治末年）

また、放任給水では水道を使用する上での公平を期することが困難であり、それにどうしても水の濫用になりがちなので、放任制の範囲をできるだけ縮小して計量給水制に改めよ、というような論議のあったのも無理はなかった。

明治四十四年に竣工した創設改良水道は、わずか二年で、大正二年には早くも次の拡張事業に着手しなければならなかったのである。

# III　変わりゆく都市生活と水道

# 一　いちじるしく手間どった水道拡張
## ――大正二年より昭和十二年に至る二四ヵ年継続事業

### 村山貯水池計画に始まる拡張工事

明治四十五年一月二十一日付の東京日日新聞は、「水道拡張両案」という見出しで次のような記事を掲載している。

東京市の第二期、水道拡張に就ては、二個の計画案あり。第一案は、大久野(おおぐの)に貯水池を置くものにて、同地は山中なるを以て、地盤は全部岩石より成り、随って、水質佳良にて、氷川下より水流を引き、約五億四千万立方尺を貯水し得べく、第二案は、羽村より水を引き、村山に二ヵ所の貯水池を設け、約六億四千万立方尺を貯水し得べきも、何分、下流なるを以て前者に比し、多少汚濁を免かれず。（中略）されば、何れに決定するかは、今の所不明なり。（以下略）

東京市の創設水道は工事を四期に分けてつぎつぎと竣工させ、全工事が完成したのは明治四十四年三月末で、一日八〇〇万立方尺の給水ができるようになった。しかし、東京の予想以上の発展で、給水が普及するにつれて、これらの水道が出来上がったときにはすでに給水不足を告げるようになっていた。

東京市では明治四十二年頃から将来の給水見通しに安心がならなくなり、根本的な計画を立てるべく内務省市区改正委員会に水道拡張設計を委託し、中島鋭治（工学博士）がこの仕事を担当した。中島博士は約二ヵ年にわたって多摩川水源地方の山野を跋渉し、調査を終えて明治四十四年十二月にこの記事にあるような二つの計画案を委員会に提出したのである。

第一計画の大久野案というのは、西多摩郡大久野村に貯水池をつくり、将来の補助水源として秋川を考えており、第二計画の村山案は北多摩郡の村山に貯水池を設け、将来補助水源を名栗川（なぐりがわ）にとるものであった。

この二つの計画案をくらべてみると、設計の根本はどちらも同じであった。多摩川の上流から水を引き、渇水期に備えるため大きな貯水池を設け、導水路は玉川上水路によらないで、べつに隧道暗渠と鉄管を埋設して、外部からの汚濁を避ける点では同じような計画案だが、ただ貯水池の位置や将来の水源、工費の点、工事の難易、水質等に多少の差があるだけだった。

「市水道拡張決定」　（明治四十五年五月七日、東京日日新聞）

久しく東京市区改正委員会に於て審議中なりし、第二期、水道拡張案は、六日の同会に

於て、常務委員会決議の通り、第二案（村山境線）を採用することに決定したり。（以下略）

東京市区改正委員会では慎重審議の結果、村山貯水池案が採用されたのである。これまでの水道では貯水池を設けていないことが大きな欠点となっていた。毎年夏に雨が少なくなると心配になる。それというのも大きな貯水池がないからで、多摩川本流の水が乏しくなると、ほかに補給の途がなくなってしまう。わずかに分水の一部をふさぐことによって、少量の水が確保できるだけだった。

第二案の村山貯水池案に決定した理由としては、第一案にくらべてみて、いずれも一長一短はあったが、第二案の方が工費が低廉であるばかりでなく、人家をつぶすことが至って少ないことだった。また第一案は山間に隧道その他の難工事を施工しなければならないが、第二案は平坦地であるから、工事は容易で、将来の維持の上でも利点が少なくない、というようなところが最後の決め手となったと思われる。

この村山貯水池計画というのは、村山における三方が丘陵にかこまれた谷地を利用し、この谷地を横断して芋窪（いもくぼ）村に一ヵ所、清水（しみず）村に一ヵ所、計二ヵ所に土堰堤を築造し、上下（かみしも）二個の貯水池を設けるもので、つねに六億立方尺の水を貯えられるので、日照がつづいて多摩川が涸れるようなことになっても、一〇〇日間はもたせられるという。

この計画では、多摩川の水量が豊富なときに水を引き入れて貯溜し、池から引き出した水は、新しく設ける境浄水場に送り、既設の淀橋浄水場と合わせて一日四八万立方メートルを給水するもので、水源から市内まで自然流下で水を送るものである。

　これは第一水道拡張事業といい、これから起こってくる第二次、第三次の水道拡張事業に対してこのように称した。

　村山貯水池は大正二年に実地設計の調査、用地買収の測量を開始し、大正五年にようやく起工した。第一次世界大戦や大正十二年の関東大震災の影響で一時工事を中止することになったが、ようやく関東大震災復興事業の一環に組み入れて再開し、大正十三年に上貯水池、昭和二年に下貯水池が完成した。

　その後、震災の復旧・復興工事が終わりに近づいた昭和二年に、この事業計画は大幅に改訂されて、山口貯水池の新設・和田堀給水場に浄水池の増設その他の工事を追加した。山口貯水池は昭和二年に起工し、同九年に竣工した。

　このように、事業は途中で、第一次世界大戦（大正三年）、関東大震災（大正十二年）に遭遇して、全工事が終了したのは昭和十二年で、実に二四年の長年月にわたっている。

## 村山貯水池の築造

### a　用地買収

　村山貯水池建設の予定地というのは、村山地方の東村山・狭山・清水・奈良橋(ならはし)・蔵敷(ぞうしき)・芋窪の六ヵ村につらなる丘陵によってはさまれた狭く長い谷地をなす部分である。山林、畑、水田、ほかに少々の宅地、墓地が含まれて面積は三二四町歩、その約七〇％に当たる二二六町歩がこの地域内の居住者の所有で、その住民の数は一六〇戸である。先祖代々から住んでいる人が多く、農業を主体として副業に養蚕、機織りなどで生計をたてていた。

この敷地に貯水池がつくられて長い間住み慣れたこの土地が水没することになる、と聞かされたとき、住民はどうだったのだろう。

そのころ日露戦争後の不況で機織り仕事も少なくなり、この地方にはこれといった特産物もなく、みな貧しく苦しい生活を送っていた住民であったから、おそらく抵抗はあったにしても、移転もやむを得ないとしていたのではなかろうか。しかし、示された土地の買収価格があまりにも安かったのに住民がびっくりしたのは事実であった。

大正三年には六〇〇名の村民が大会を開いた。こんなに安い買収価格には応じられないと代表団が東京市に陳情した。しかし東京市は強引に買収にとりかかった。

市は個々の地主との個別交渉の形で話を進めた。つぎつぎと買収に応じてきたが、八人だけが最後まで応じなかった。これらの反対派は弁護士と相談したり、市へつよく陳情したりして最後まで交渉をつづけたが、大正八年十二月、国の強制収用により全部立ちのかされた。八年かかってようやく用地買収は完了したのである（『多摩湖の歴史』一九八〇年）。

### b　施工

村山貯水池の底部は全部粘土岩盤で、基礎は良好だが、ここに築造する土堰堤は当時としては他に例のないほど非常に高いものだったから、施工には周到な注意と確実さを必要とした。

しかしこのころの工事では機動力はほとんどなく、機械といえば資材運搬の機関車と、蒸気で動かすローラと巻き上げウィンチぐらいなもので、すべてつるはしとシャベルでの作業だった。

従って非常に多くの人力を要した。労力の需給にはこの地方の農民を使役するのが得策だ

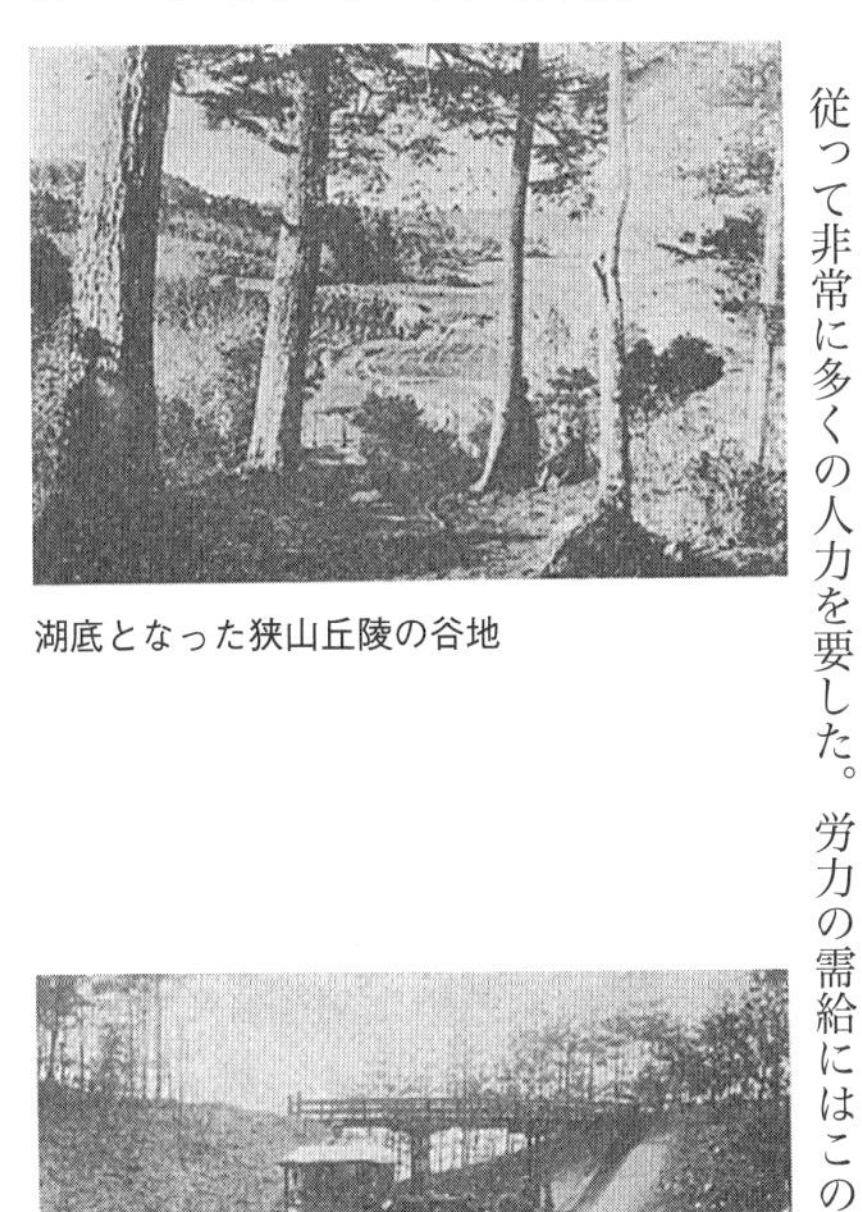

湖底となった狭山丘陵の谷地

新設道路（村山村）での材料運搬（大正６年頃）

ったので、つねに農事の繁閑を念頭におきながら、これに順応して工事を実施する計画が立てられた。

当時のことをまとめた「古老が語る工事の記録」(『多摩湖の歴史』前出)によれば、工事が始まると、地元はもちろん近村からも人夫が働きに出た。弁当持ちで朝早く行っても、仕事にあぶれることがあったそうである。東京市と契約して人夫出しを請け負う組ができて、組に登録するようになり、デヅラというカードをもって仕事をした。八時間労働が普通で、毎日デヅラに印をおし、給料は一週間払いだった。農繁期には人手が減るので、割り増しを打ち出して勧誘にまわることもあったということである。

### c 工事が及ぼした影響

永らく住み慣れた墳墓の地から移転させられる人びとの、生活の激変という問題は大きい。また工事それ自体が貯水池周辺の村々の暮らしに及ぼす影響もまた大きかった。

その変わりようはまず人夫賃に見られる。『東京百年史』はその値上がりようを次のように述べている。

工事前の日傭取りは、一日一三銭くらいだったが、移転が始まったころには二五銭前後に、工事開始となると五〇銭から一円にはねあがったという。

三・五倍から七倍以上ものあがりようで、これではその日暮らしで貧しかった村民の暮らしの変わりようは想像にかたくない。

そば屋や小料理屋ができ、村人の食べ物も、服装も変わった。ライスカレーの味を知ったのも、ダム工事のおかげであった。（『東京百年史』第四巻、昭和五十四年）

貯水池が完成すればするで、また新しい影響が大きくでてきた。都会の人びとが散策にくるようになると、その都会振りを見た村の青年男女は都会を羨望し、郷土をはなれていく者が多くなったからである。

ともかくこうして貯水池工事は、さまざまな影響をのこして出来上がったのであった。

## 都市の急速な発展と旺盛な水需要

大正三年七月、第一次世界大戦が勃発。一時不況に見舞われるが、景気はやがて翌四年後半あたりから好転し、大戦景気を迎えた。

これにより工業立国の基礎が築かれ、産業界は大発展をみたが、元来資源も乏しい日本では欧米にくらべて工業化は立ちおくれていたので、大正七年十一月、大戦が終結すると、それまで戦争の波にのって好況だった各産業は、すぐに旧状に戻され打撃をうけた。国内産業界は一転して恐慌の波にのまれ、巷には職を失った者があふれ、物価の騰貴は米騒動を招き、労働争議など社会不安、経済不安の中で日本最初のメーデーが九年五月に上野公園で行われ、労働運動を活発化させるようになってきた。

東京での目立った現象といえば、やはり産業都市へと変貌したこと、工業の発展につれて多くの人びとが地方から東京へ集中するようになったこと、サラリーマン階級の労働者が急速に増加したこと、そして住宅の不足が深刻な問題となってきたことであった。東京に新たに流入してくる人口は郊外に住宅を求め、東京の周辺部、とくに西部地域は私鉄線の開通とともに無計画に開発された。

この当時の東京は、一五区の市域と、この外側に郡部があった。大正も初年に入ると、もう一五区内の人口は飽和状態に達していた。

何しろ財界の活況につれて諸種の事業が俄かに勃興し、地方の人間が皆都会へ集まつて来る。東京市は此の慌しい人口の増加と郊外地帯の膨脹に対して、急に応ずる暇がない。道路を鋪装するとか、アパートを建てるとか、そんな施設をする間もなく、どん〳〵自動車が輸入され、場末の方には木ツ葉のやうな安普請の借家が殖える。そのくせ高い家賃を出しても、中々家が見つからない。

（谷崎潤一郎「東京をおもふ」）

東京の市中は明治二十二年一月から市区改正が実施されて、しだいに近代都市に改造されてきた。しかしそれも表通りだけの改善で、いったん裏通りへ入ると、日も当たらない暗い露地と裏店同然のみじめな、江戸・明治の頃のままの東京が密集していた。

同様なアンバランスは、まだ田舎風な東京郊外のあちこちにも見られた。水道もなく満足な道路もないこうした郊外に、大戦の影響で工場や安普請の住宅がどんどん建てられ、周辺町村の人口は急激に増加してきた。

大正年代に入り、市街地の発展に対応して都市計画の必要がつよく叫ばれるようになり、これまでの「市区改正条例」に代えて、新たに「都市計画法」が大正九年一月に施行され、同年十二月には「市街地建築物法」も実施された。

東京の市街地人口もどんどん膨張して周辺の郡部へと拡大してくると、交通機関の発達も考慮に入れて、東京一五区の市内と周辺郊外とを合わせた大東京の設定を必要とする段階に立ち至るのである。

大正七年頃から東京市の給水栓数も二〇万を突破してくるが、まだ市内の隅々にまでは行きわたっていないところが、かなり多かった。

仮りに一住居一栓が普及の極点とすれば、現に市内の住居数は約四十万であるから、現在の取附栓数約二十万は、その半数にしか当らぬ計算になるのであるが、共用が可なり広く行はれて居るのと、同居生活が相当多い為に市民にして今日尚ほ上水で顔を洗ふことが出来ないものは、その一割に当る二十万内外であらうと見られて居る。随つてこれ等の人々は勢ひ不良な井水や河水で日常を便じて居るのが現在の実状である。

（中村舜二『大東京綜覧』大正十四年）

古老の見聞談によると、明治四十五年頃までは市内にもツルベ井戸がまだ見られたが、創設改良水道が町内にも共同水道として入ってきてから、町内の井戸にもポンプが使われるようになった。大正五、六年頃には東京市内ではツルベ井戸に代わって手押しポンプ井戸が使われだしたということである。

これが必ずしも重なる原因で無いにしても、東京名物の一つと云はれて居る年々の悪疫流行は、確にその一因が茲（ここ）に存することは争はれぬ事実である。こんな訳で市内の給水さへ未だ徹底して居ないのであるから、市外百有余万の大衆に対しては、中々そこまでは手が廻はらう筈が無く、現に浄水工場を取り囲んで居るお膝元の淀橋町民でさへも、市外と云ふ訳で給水を受け得られない有様である。

（中村舜二、前出書）

この頃の東京市の給水状態について、当時の小川織三（おがわおりぞう）水道課長は「計量給水制を採用したる理由」（大正十一年三月）の中で述べている。それによると、一年間を通じて水量・水圧ともに充分な区域は極めて少なかった。極端な例をあげると、夏季には昼間少しの水も出ないという場所があったということである。

これが解消のため拡張工事を急いでいるのだが、大正十三年の春にならなければ第一期工事の竣工による水がこないわけである。

給水状態はこのように非常に不満足な上に水道の使用者は年々増加していくのだから、この際なんらかの応急手段を講じなければならないことになり、大正七年、市は特に調査委員を設けて、拡張工事が完成するまでの給水状態改善策（むしろ維持策といった方が適当かも知れないが）を検討した。

委員はこの問題を詳細に調査研究してその意見を大正八年二月に報告している。市は直ちにその意見を採用し、一方、拡張工事に関係する鉄管布設の一部速成工事や原水補給工事、配水鉄管改善工事に着手している。

当時、調査委員の意見の中に、以上の工事にあわせて計量給水制の範囲の拡大という提案があった。

東京市の給水制度には計量制と定額制の二つがあった。

計量制というのは、現在のようにメーターによって計量した使用水量をもとに料金を算定するもので、主として官庁や大口使用者などを対象とし、大正七年三月現在で総栓数の三二%に過ぎなかった。

これにくらべて定額制は家庭用が中心となっており、放任栓ともいっていた。家屋内に水道を引きこんだもの（専用栓）と、屋外に設置した水道を数世帯で共同して使うもの（共用栓）とに区別していた。いずれもメーターは取りつけていない。料金は使用水量の多少に関係なく、一定金額を年決めで支払うという大雑把なものだったが、それでも世帯人口で差を設けたり、牛馬一頭につきいくらの付加料金を定めて、いくらかこの制度を補っていた。

こうした計量制と定額制の併用では、水道を使用する上で料金負担の公平がはかれないこと、また定額制ではどうしても濫用になりがちで、年々給水量が増加しているなかで、水の濫費を助長する放任栓には手を焼いてきた。東京市では大正十年三月、給水量を抑える手段として定額制を廃止して全面的に計量制に移行する方針が打ちだされた。

当時、総給水栓数約二二万栓に対して計量栓はわずか六万栓しかなく、残る一六万栓にメーターを取りつけるという作業はなかなか容易なことではなかった。ようやく一〇万個のメーター取り付けが完了した大正十二年九月、関東大震災に見舞われて、過半数のメーターは焼失してしまった。その後は再び定額栓の方が多い状態になって、このときの全部計量制計画は徒労に終わったのである。

## 二　震災被害と復旧および拡張工事の推移

### 大正十年の強震による全市断水

大正十年十二月八日夜に突発した地震は、それより二年後の大正十二年関東大震災のすさまじさの陰にかくれた形で、あまり取り沙汰されないようだが、水道の被害からいうと、まさに大正十二年の前触れともいうべきものだった。このときの強震によって翌九日の朝五時頃、新水路の一部が決壊し、三日間にわたって全市断水という全く未曾有の事故に発展した。

このころの東京市の水道は、淀橋浄水場一ヵ所しかなかった。羽村で取り入れた多摩川の水は、延々四三キロを流下し、途中代田橋のところから堤防の上を開渠（新水路）で淀橋浄水場まで送水されていたのである。

新水路の構造は前にも記したとおりで、これが地震によって水路の底部に亀裂が生じた。そこから漏水しだして亀裂が拡大し、突然大音響とともに決壊し、新水路築堤の一部、約一五〇坪が陥没して、付近一帯が洪水に見舞われ大騒ぎとなったのである。

この新水路が決壊すると、全市への給水を一手に受け持っていた淀橋浄水場の機能が全くとまってしまった。これは直ちに水道の断水を意味した。

事故の復旧は一刻を争うが、とりあえずの応急対策として、羽村の取水を止めて、決壊箇所の水路の排水につとめた。決壊してから二時間後には氾濫がおさまり、付近住民への浸水被害はくいとめたので、同時に応急復旧工事を急いだ。

仮復旧として長さ八〇間にわたって応急的に木製の箱樋（木樋）を用意し、その外枠に杉の板割を二重に張り、板の間を釘付けにして漏水止めを施したものを架設した。通水してみると結果は良くなかった。そこで木樋の内面に亜鉛板を張りつけることにし、十一日午後三時三十分に出来上がった。こうして一時的に木樋でなんとか通水することができた。

しかし、水路の復旧作業が出来上がるまで、こんな状態のままでおくのは危険だった。木樋の部分は鋼管に代えることにし、築堤の左側の水路の底部を地ならしして古い枕木を敷き、その上に鋼管を架設した。延長約二〇〇メートル、約一・五メートル間隔に外枠を設けて防護した。

結局、事故発生からこうした仮復旧による通水までの三日間にわたって、東京水道始まって以来はじめての全市断水をひき起こしたのである。

寺田寅彦の随筆「断水の日」には、このときの体験が生々と記されている。

十二月八日の晩にかなり強い地震があった。それは私が東京に住まうようになって以来

覚えないくらい強いものであった。（中略）

翌朝の新聞で見ると実際下町ではひさしの瓦(かわら)が落ちた家もあったくらいでまず明治二十八年来の地震だという事であった。そしてその日の夕刊に淀橋(よどばし)近くの水道の溝渠(こうきょ)が崩れて附近が洪水(こうずい)のようになり、そのために東京全市が断水に会う恐れがあるので、今大急ぎで応急工事をやっているという記事が出た。（中略）

淀橋近くの水道の溝渠が崩れた、とあるのは、新水路（築堤水路）が決壊したことであって、場所はちょうど淀橋浄水場から一キロほどはなれたところで、約五〇メートル近くが大音響とともに決壊し、付近一帯が水びたしになった事故である。

十日は終日雨が降った。そのために工事が妨げられもしたそうで、とうとう十一日は全市断水という事になった。ずいぶん困った人が多かったには相違ないが、それでも私のうちでは幸いに隣の井戸が借りられるのでたいした不便はなかった。昼ごろ用があって花屋へ行って見たらすべての花は水々していた。昼過ぎに、遠くない近所に火事があったがそれもまもなく消えた。夕刊を見ながら私は断水の不平よりはむしろ修繕工事を不眠不休で監督しているいわゆる責任のある当局の人たちの心持ちを想像して、これも気の毒でたまらないような気もした。

（現代表記による岩波書店版の『寺田寅彦全集』による）

十一日の午後、決壊箇所を応急的に鋼管で仮復旧して、ただちに淀橋浄水場への送水を開始した。ところが場内の沈殿池などがすでに底をついていたので、水位の回復を計るために、十二日は二時間と少々、十三日は五時間、十四日は六時間という具合に、十五日早朝までは時間給水を行い、わずかしか給水することができなかった。この間に、横浜市水道、海軍横須賀鎮守府からの応援で給水船で上水を供給してもらったり、陸軍自動車隊の応援をうけるなどで、やっとのこと急場をしのぐことができた。

東京水道始まっていらいの全市断水で、市民の苦情は殺気立ったものにまで発展した。市役所では各区長を招集して青年団や在郷軍人団の力を借りて配水の応援を頼んだ。水量が不足しているときなので特に火災の警戒態勢の手筈も固めた。さらに全市民への注意事項をビラにして電車の中や市内の必要な場所に貼付した。

市から注意

一、水道の破損により本日は断水します。
一、市民諸君は火の元に注意せられたし。
一、井戸水は煮沸して使はれたし。
一、青年団員諸君の活動を望む。

連日、新聞は断水の社会的影響を大見出しで取り上げた。紙面の大半には「困る病院」、「掘井戸目がけて火事場騒ぎ」、「そば屋は休業」、「夜警の増強」などが大きな活字で紙面を埋めた。なかには水の配分のいざこざで殺気立った青年等が、ナイフで水道検査員に斬りつけて重傷を負わせた、というような記事ものっていた。

創設改良水道はじまってより二十三年目に突然起こったこの全市断水という大きな事件もようやく全面通水でおさまったが、新水路の万が一の事故に備えて、このとき以来、玉川上水の旧水路から直接淀橋浄水場にポンプ揚水できるような予備施設をととのえた。

そのほかにも付属設備として塩素注入設備を設けた。これは旧水路中にいくぶん汚染の可能性が考えられる箇所に備えて、ポンプ揚水したものに殺菌するためにつくられた。東京市で水道水の消毒に液体塩素を使い始めたのは、大正十一年のこのころからである（『淀橋浄水場史』昭和四十一年三月）。

## 大正十二年関東大震災による水道施設の被害と復旧

大正十二年九月一日昼少し前、正確には午前十一時五十八分四十四秒六、地震発生時に、ある雑誌編集者によるなまなましい手記が残されている。外出先から山の手にある編集局に帰ってきた時点から、それは克明に記述されている。

……二階に上り洋服を脱ぎ裸体になって涼をいれてゐると弱い地震がきた（初期微動）。「地震だな」と思ってゐると、忽ちトントンと連続的にはげしく突き上げる（上下動）。「これは性質のよくない地震だ。逃げやう」と思ったが裸体であることに気がつき側の浴衣を引きかけるうちに既に家屋はギイギイと鳴って横に揺れ始めた（水平動）。「今降りては危険。家が倒れても二階は大丈夫だらう」と、足を踏んばっているうちに揺れが少くなったので転ぶがごとく戸外に飛び出した。

ひどい地震だとは思ったが、これほどの大惨事になるとは思はない。付近の被害を撮っておかうと揺れの止むのを待って家に入りカメラを持ち出した。

大震後五分。左手崩れた石塀の向う隣りの二階家が編集局。襦袢のまま飛び出した付近の人々は怖さを語ってゐる。

十分後。番町方面煙の揚るを見て警官三名、麹町署から駈け出してくる。電話不通のため消防署との連絡断え、警官は煙を目あてに急ぐ他はなかった。

十五分後。麹町通りにくると電車は止まってゐる。かなたにもこなたにも煙は天に冲してゐる。悩々として街路に群がる人々の面には今にも東京全滅するかと限りなき不安の色が浮かんでゐる。わが家を憂ひ心急ぐ人々をのせて車は飛ぶ。

（『科学画報』大震災号、大正十二年十月一日）

そのころ、あちこちの道路は大地割れがひどかった。丸の内方面、凱旋道路の南口の大通りは三尺も陥没し、幅一尺五寸、深さ五尺四寸もの地割れができた。

この日、関東地方に起こった大地震は、相模灘・東京湾沿岸、その付近一帯に甚大な被害を与えた。この震災後、間もなく東京市内では各所に火事が起こり、強風にあおられて巨大な火の流れとなり、下町一帯をなめつくした。罹災者百五十四万余人、罹災家屋四四万戸、死者六万余人、負傷者四万余人、行方不明四万人という大災害となった。水道施設も広範囲にわたって未曾有の大損害をうけ、断水による大混乱をきたした。これに対しては給水状況の回復にまずとりかかったが、実際にほぼ平常の状態に復したと見られるのはその年の十二月になってからだった。

この震災による被害とその復旧状況はつぎのとおりであった。

焦土の東京

**a　大きかった新水路の被害**

九月一日、地震と同時に新水路水面が動揺し、流水があふれて滝のように落下するのが目撃された。この新水路がもっとも被害甚大と予想されたので、直ちに通水を遮断してしらべた。果たして全水路にわたって多数の被害箇所が発見された。ここは大正十年十二月八日の地震のとき（前記）も、一ヵ所決壊しただけで全市断水という大きな事故につながったところである。

被害の最も大きかったのは、築堤の崩壊、水路敷沈下で堤防決壊、全水路にわたる横断亀裂であった。被害箇所には内面亜鉛引き鉄板張りの木樋を架設、鉄網コンクリートなどによる補修、築堤を改築し、コンクリートを塡充するなど全線にわたって応急修理した。

しかし、材料の収集が困難であったり、コンクリートに及ぼす余震の影響などで、通水を開始できたのは九月十三日になってからだった。

旧玉川上水路を利用してポンプで浄水場へ揚水するようにつくった新水路の予備施設だが、地震と同時に停電してしまったのでせっかくの施設もすぐには用をなさなかった。これが運転開始できたのは九月三日午後五時であった。

四谷区番衆町における鉄管破裂

それまでは、浄水場の沈殿池と浄水池に残っていた約一三一〇万立方尺の水で、比較的本管に損害が少なく通水に支障のなかった芝線の低地に、不満足ながら給水をつづけた。

### b　浄水施設は損害軽微

当時、淀橋浄水場勤務で水路係を務めていた山田良実氏に「関東大震災当時の淀橋浄水場」という手記がある。その中からこのときの場内での模様を摘記してみよう。

最初の地震から四〇分余を過ぎた頃に、私は新水路の状況だけでも調べようと思って第二号と第三号の沈殿池の間を歩いていた。が、そのとき二度目の大きい地震が起きてゆれた。普通に歩くことが出来ず四つんばいになってしまったが、沈殿池の周りにも濾過池の方にも人影なく、左右の沈殿池から水しぶきが飛んで今にも沈殿池が崩壊するのではないか、沈殿池の中に投込れるのではないか、そんな不安で恐ろしかった。

（『淀橋浄水場史』前出書）

淀橋浄水場内の沈殿池・濾過池・浄水池はかなりの亀裂を生じた部分もあったが、幸いに被害は軽微で使用に差し支えなかった。本郷と芝の給水場にある浄水池も、ほとんど損害はなかった。

### c　復旧に手間どる配水施設

(1)ポンプ線による山の手方面への給水

淀橋浄水場構内には、市内の高地方面へ送水するために六台の配水ポンプがあったが、そのうちの三台の口径五〇〇ミリ送水管がフランジ接合部で切断した。ポンプ室外では六台のポンプ送水管が合流する口径一一〇〇ミリ本管が破裂、管内の水が噴水したので全ポンプがいっせいに運転不能となった。こうしたことで、焼失をまぬがれた山の手方面の高地区域は、地震と同時に断水となってしまった。

同時に、付属設備の煉瓦造の一二一尺の煙突二本が、いずれも頂部一〇尺崩壊落下などの被害が生じた。いちおうの修理が終わってポンプ運転を開始したのは、九月三日午後五時となった。

ここで、前出の山田良実氏の手記からもう一度当時を振りかえってみよう。

大正十二年九月一日(土)は前夜半に小雨が降ったが朝になって青い青い空の快晴であった。(中略)午前中の測量から引上げて中食も終え、製図台に向ってその仕事にとりかかったが、(中略)丁度その時である、初期微動と云うのであろうか立っている人にはわからない位の、びりびりと形容したいような震動が六〜七秒位もあってそれから本格的の震動が始まった。段々それが激しくなってきたので周囲の人達に早く外に出るようにどなった、(中略)一斉に室外に出ようとしたが、狭い出入口から一度には抜け出ることが出来なかった。そのときは最早相当のゆれ方になっていたので私は窓から飛び出るよう出入口の一団の人にどなった。そして私も最後に窓から飛び出した。私が外に出て六〜七米も歩いた時に出入口の車寄が倒潰した。

このときの命拾いを今も幸いに思っている、と山田氏は述懐している。なおここで、こんどは二本の煙突が、山田氏の脳裡にどのように焼きついていたかを見てみよう。

浄水池を隔てて浄水場の煙突が二本左右にゆれていた。左に撓み右に撓む毎に頂上部の煉瓦が壊れて落ちた。私は足を踏張ってただ茫然とそれを見ていた。この煙突は四谷区麴町区辺の高台に加圧給水するための蒸気ポンプ用のもので、煉瓦造高さ一二〇尺縦横に鉄のバンドを施したものであった。地震は二分間位も揺れ続いたのであろうか漸くにして煙突の煉瓦の壊れ落ちるのも止んで、そこらにだれの人影もみなかった。

これらの煉瓦造の煙突は二本とも頂部一〇尺が崩壊落下しただけで、奇跡的に倒壊をまぬかれたが、そのままでは危険なので、従来の二本を取り除き、一本の鉄筋コンクリート造の煙突に新築することになり、大正十四年にできあがった。

高台地区へのポンプ配水区域に対しては、全力を鉄管その他の修理に注いで逐次水圧をあげ、十月始めには芝区などの高台の一部地域を除けば給水状況はやや良くなった。だが漏水があったり焼け残り地域へ人口が集中したりしたため、配水量はこれまでの夏季最大の約三〇％増を記録した。

(2)本郷・芝線系統による低地給水

本郷線の系統では、震災と同時に牛込地区（六〇〇ミリ管）が破裂、六日には本郷給水場構内（一一〇〇ミリ管）、十七日は四谷地区（一一〇〇ミリ管）、十九日には本郷給水場において一一〇〇ミリ管が二ヵ所破裂し、そのつど復旧工事につとめ、一刻も早く下町方面の焼け残り地と避難場所等への給水を急いだ。

　芝線の方は幸いに管路の被害が割合に少なかったので断水することなく淀橋浄水場から芝給水場への送水を継続できた。丸の内方面は水圧こそ不充分であったが、一日の断水もなく給水することができた。このため震災直後救済活動の中心となった丸の内方面が、たき出しその他に事欠かなかったのは不幸中の幸いであった。

　こうして本郷・芝線による低地給水も、十月上旬には不充分ながら市内各方面の当面の需要に応ずる程度の通水はできるようになったが、回復は十二月頃まで待たねばならなかった。

### d　多くの費用・労力・日数を要した配水管復旧

　地震と同時に発見された配水管の破損の数はきわめて少なかった。これは地震と同時に低地給水の芝線以外の系統は送水を停止してしまったからである。しかもこのわずかに給水を持続した低地給水の芝線にしても、芝給水場以下は水圧が激減したほか、震災についで火災に脅かされた混乱の中では、すぐにこれを発見することはできなかっただけである。

　その後、送水を開始し、通水地域が拡大されるにつれ、逐日水圧が上昇するにともなって配水管の破損がしだいに発見されてきた。地震当日から翌年の五月末までに三八二ヵ所を発見修理した。配水管の被害の中で接ぎ手の漏水はその数が多かったので水圧の低下をきたした。これが給水不良の最大の原因となった。この復旧には多額の費用、労力、日数を要した。

このほか給水管の漏水には分水栓の脱出によるものが、浅草・下谷・本所・深川各区の地盤不良地区にかなりあった。また火災により水道鉄管専用橋や水道鉄管を添加した公道橋は焼失墜落したり、鉄管外套（木造）、木造橋脚焼失や鉄管接合部溶解等で、被害は一一〇橋に及んだ。

### e　最も厄介な各戸引き込み鉛管の被害

大地震のもたらしたものは、地震についで起こった火災により、下町方面の繁華地区を一面の焼け野が原と化してしまい、多数の死者を出し、諸施設に莫大な被害を与えたことである。とくにこの焼失区域はきわめて広く、各戸の引き込み鉛管はほとんど溶解切断して漏水した。これは震災による配水管の接ぎ手漏水とともに復旧に最も厄介な被害であった。各戸引き込み給水栓数二四万一四七五栓の約六四％に当たる一五万五一〇三栓が焼失してしまったのである。

このように大震火災により給水栓の半数以上が焼損し、また配水管も大きな被害をうけたので、漏水箇所が激増し、給水の混乱をきたした。まず応急措置として焼失した給水栓の処置と、鉄管接ぎ手の鉸直し（かしめなおし）を急ぎ、震災によって増加した漏水の防止につとめた。震災による漏水防止は大正十三年から十五年まで三年間かかって、一応終了した。

なお、焼失地域内のバラック居住者のための応急給水策として、次のような手が打たれたことも付記しておこう。

臨時応急給水栓二一三一基を設置して、無料で給水した。しかし水道財政の回復や給水の取り締まり上、大正十三年三月一日からはこれを臨時特別栓に変更し、別途給水方法が講じられるまで、各戸から一月六〇銭ずつの料金が徴収された。

また焼失地では給水の復活を請求する者が激増していたが、工事の進捗が間に合わなかったので、一ヵ所の専用栓を数戸で使用することの承認を出願する者が続出した。そこで便宜上の手段として各戸から専用栓の料金を納めることを条件として、一月十日より当分の間、専用栓の聯合使用が認められた。

## 施設の改善と水道復興速成工事

### a　震災復興

災害跡地には急場しのぎの木造トタン屋根のバラックがあちこちに立ちはじめる一方、焼失した住宅対策として簡易宿泊所を設置するなど応急の措置はとられたが、依然として都心部の住宅難は深刻であった。やがて大正十三年五月、財団法人同潤会（どうじゅんかい）が設立され、小住宅や集合住宅の建設が強力に進められるようになった。

罹災者の旺盛な生命力と、江戸以来の度重なる地震や火災にも堪えぬいてきた先祖伝来の活力とが、帝都復興の目標とともにふるい立たせたものであろう。

また、全国各地から食糧や建築資材がどんどん入ってくるようになったことも、割に早く虚脱感を脱して生気を盛りかえすことにあずかって力があったろう。

しかし復興する東京のかげには、いっこうに復興しない地域もあった。とくに本所・深川あたりの労働者の住まいはみじめだった。狭い地域に軒と軒とが相接して空気の流通もわるく、年中日もささない陰気でじめじめした生活環境だった。復興するにしても、トタン屋根の板張りバラック程度のもので、震災の打撃はこうした恵まれない人びとにとって、とくに大きかった。

震災後の復興は、東京としては画期的な事業であった。時の内務大臣後藤新平（ごとうしんぺい）は思い切った東京再建案を出したが、これは「後藤の大風呂敷」として否決され、当初計画した巨額な予算案は大幅に縮小されてしまった。

しかし震災復興事業として政府・府・市が分担して行うことになった区画整理事業は、猛烈な反対運動もあったが、これを説得・啓蒙の結果、ともかくも順調に進んだ。

区画整理が終わると、江戸・明治いらいの東京の姿は一変した。これまで一歩裏通りへ入れば日もささない陰気な露地をかかえていたというようなところもなくなり、東京はすっかり新しい近代都市に生まれかわった。

建物内における給水装置も、時代とともに市民の生活水準を反映してしだいに向上し、震災後には公営の鉄筋コンクリート造りのアパートも現れ、民間でもこれまでの長屋にかわって、木造二階建てのアパートなどもつぎつぎと建てられた。

　この頃になるとごく一般的な建築住宅において、水道も共同水道からしだいに各戸に引かれるようになってくる。しかし給水栓の設置位置などはまだ画一的で、一般的には建物の北側の台所部分に集中配置されているものが多かったが、なかには台所一ヵ所だけでなくそのほかにも便所用、手洗い用または浴室用などに給水栓が設けられるようになる。しかしその形態などはどちらかというと外観や使用上の便宜などよりも、耐久性などを重視した実用中心的、単純構造のものが多かったようである。

　丸の内が発展したことも震災復興の一つの象徴であった。震災のあと一流会社がきそって移ってきてビル街ができ、東京のビジネスセンターとして面目を一新した。

また、下町で焼け出された人びとの多くが郊外に移住し、私鉄や省線（国鉄）の交通機関も発達してくると、渋谷や新宿が盛り場から副都心として急速に発展するようになってきた。

　周辺郊外にも活発な都市現象があらわれてきた。新しい宅地が急激に増加し、新興住宅がどんどん建てられた。赤いモダンな屋根に象徴される文化住宅が、中産階級のサラリーマンの住宅需要に応じて開発された。水道・電気・ガス完備の改良台所をもち、一見洋風で生活の便利さを理想とするこうした新しい住宅建築が大流行したのである。

### b　施設の改善工事

水道施設の方でも、震災後は多くの改善がなされた。大正十二年の大震災の経験から、その後新しく築造される施設はすべて耐震構造のものとなった。また震害をうけた設備にも、多くの改善改良がはかられている。

これらのなかで特に主要なものは、配水ポンプの改良として蒸気ポンプにかわる電動ポンプの設置、原水ポンプの設置、導水路の築造による新水路の廃止などであろう。

(1)配水ポンプの改良

創設当時から設置してあった六台の蒸気ポンプは、震災でかなりな損害をうけたが、それでも応急修理して使っていた。しかし旧式なため改造修理しなければ使用できない状態だったので、新しく電動ポンプを常用として設備し、いままでのポンプや汽缶その他の付属設備は大修理したうえ予備施設とした。

電動ポンプが運転を開始すると、蒸気ポンプは事実上廃止同様となり、やがて撤去されるのだが、これにからんで労働争議が起こった。大正十五年のことである。

それは、蒸気ポンプの運転では常時機械室員、蒸気汽缶室員の総員約六〇名で構成されていたが、電動ポンプに改良したので一八名以内で運転できることになり、従業員の退転職問題が生じたのである。

震災後の不況が影響して、そのころの東京市では大体盆と暮れと年度末の三回位、人員整理が行われていた。本人はなんにも知らずにいそいそと帰宅したら解雇辞令が速達できていたり、休日に自宅でのんびりしていたら突然解雇辞令が届いたり、まったく合点のいかないことが平気で行われた。不況の時期とはいえ、苦情の一つも言えばすぐにも整理の対象にあげられるというのだから、みんな戦戦兢兢として働いていた時代であった。

しかしこのときは、水道従業員で組織していた自治会水道支部では局側に対して、失業者を出さないこと、という項目も入った従業員の待遇改善要求を提出し、局長、助役、市長と度重なる交渉をくりかえしたが、事態はなかなか進展しなかった。

待遇改善と従業員の馘首問題で市当局に迫っている東京市水道局の従業員は、今二日山口助役との最後の会見をする筈であるが、目下の形勢は相当に険悪で、一日午前九時から淀橋の浄水場構内にて従業員大会を開催、各出張所の代表員約二〇〇名は散会後幾組にも分れ、東京市中を練り歩き、（中略）万一要求を容れられぬ際には怠業して水道を停めるという様な不穏な態度さへ見せて示威運動を行い、（中略）一方日比谷署では万一を慮って十数名の警官が出張して、なかなか物々しい光景を呈し（中略）……。

（大正十五年十月二日、読売新聞）

結局、人員問題は、過剰員一一八名中六〇名は配置転換を行い、五八名の臨時雇い（自治会に入会していない）は退職希望者をつのり、退職者は新規定により十分な手当を支給するか、これに満たない場合は他の事業に就職させるというような条件で、二ヵ月にわたる労働争議は円満に解決した。争議団は浄水場で解団式をあげ、水道局長を招いて記念撮影など行って解散し、平常勤務に復した。

⑵導水路の築造による新水路の廃止

淀橋浄水場へ原水を送る新水路は、関東大震災で二ヵ所も大決壊し、全線にわたって亀裂を生じるなど、ひどい被害をうけた。このときはなにぶんにも震災直後という事情もあって、根本的に改善する見込みも立たなくて、とりあえずの応急修理程度にとどめたが、いつまた起こるかも知れない震害に備えて、導水の安全を守るために根本的な改造が必要であった。

ところがこの新水路の近くにほとんど平行して甲州街道が通っていて、当時東京府の道路改修事業として甲州街道拡築の計画があり、昭和六、七、八の三年間に東京府施行の失業対策事業で実施されることになった。この工事期間を利用して、道路を拡築する部分に導水暗渠を埋設し、これまでの開渠の新水路（築堤上の導水路）にかえれば、用地費や工事費などの経費も節約できるので、失業対策事業として計画が立てられた。

この導水路には、頻発する地震に対して十分な安全性を持たせるために、当時としては画期的な大口径の鋼管を使用することになった。当時ようやく溶接技術が進歩して、溶接部分の強度が他の部分に劣らないまでの域に達したので、内径二一〇〇ミリのコンクリート巻き鋼管を採用することで耐震用導水路（四七九三メートル）として最良のものと考えられたのである。

この事業は、関連する東京府の甲州街道拡築工事が予定どおり進捗しないので、工事の遅延繰り越しで毎年のように工期延長の手続きをとり、ようやく昭和十二年になって竣工し通水した。

この工事が完成すると在来水路(新水路)は不用になるので、ひくく自然地盤まで撤去し、九メートル幅の道路を新設するため、在来水路敷整理工事が施工されることになった。

以上のほかに、淀橋浄水場原水ポンプの設置、震災で焼失した区域の帝都復興区画整理にともなう既設配水管の計画的な移転、増設工事が、継続事業として行われた。

さて、このころから、地元新宿地区の繁栄を阻害するので淀橋浄水場を移転してもらいたいという話が持ち上がっていた。市首脳、水道当局の技術陣の間で種々の協議、検討が行われ、関東大震災でこの浄水場が手ひどい震害をうけたので、この施設改良方針として、この浄水場用地(一〇万坪)を売り払って境浄水場のあるあたりに移転させようという計画を立てたのである。この方針は大体まとまりかけたのだが、「震災で市内の水道幹線などはひどい亀裂で給水不能に陥っている。万一にそなえるためにも、浄水場施設はなるべく都市の中心部に近くあることが理想的だ」という中島鋭治博士のつよい意見を容れて、このときは淀橋浄水場の移転は実現されなかった。

### c　水道復興速成工事

関東大震災による被害は深刻をきわめた。これまで実施してきた拡張工事(第一水道拡張事業)は一時中止となり、被害設備の復旧に全力がそそがれた。

この大震災の影響で市の財政も手痛い打撃をうけたのである。そのため財源事情から水道拡張の第一期工事を一ヵ年延長して大正十三年度までとし、ひとまずここで第一期工事は中止した。このとき村山貯水池の上（かみ）貯水池の方が完成し通水を開始している。

水道復興速成工事というのは、第二期工事のうちの緊急を要するものの拡張速成と、大震災によって破壊された水道設備の復旧を行うもので、大正十三年度から十五年度までの三ヵ年継続事業として決定され、十三年四月から着手している。

この復興速成工事で村山貯水池の下（しも）貯水池を施工しており、これで村山貯水池はさきに完成した上貯水池とあわせて、昭和二年三月に全部竣工したのである。

このころ当局では震災復興事業で目のまわるような忙しさだった。元東京都水道局長の岩崎瑩吉（いわさきえいきち）（当時・東京市技手、水道局給水課勤務）の「東京市水道側面史」の昭和三年二月十五日の項には、

> 当時の給水課は、関東大震災後の帝都復興事業の一環として、東京市十五区内の配水管の新設と移設に、多忙をきわめていた。震災直後にできた政府の帝都復興院は、復興局に縮少されていたが、水道、ガス、電気、下水その他地下埋設物関係者は、たびたび復興局主催の協議会に出席して、埋設物の標準位置や、工事の打合せをしていた。
>
> （岩崎瑩吉著『深山橋』所収、昭和三十六年）

村山貯水池湛水式場アーチ（大正15年6月21日）

村山貯水池

と記されている。

この水道復興速成工事（五ヵ年継続）は昭和四年三月に全部完成した。

境和田堀線送水鉄管敷設工事（大正12年6月）

## 山口貯水池の築造

### a　大正時代末期の給水状態

関東大震災で約六四％もの給水栓が一挙に焼失したが、その後復興事業は急速にすすみ、わずか三年半たった大正十五年度末には震災直前の給水栓数に比し復旧率約九七％と、急速な復旧ぶりを見せ、給水の普及状態がすすむにつれて使用水量はますます増加する傾向となってきた。

渇水期の原水不足の不安をなくすためにも、実施してきた第一次拡張計画の残工事とあわせて、さらに山口貯水池の新設、和田堀浄水池一池と市内配水管の第二期拡張工事の計画に力を注いでいたのが、大正時代末期における状況であった。

## b　山口貯水池計画が決まるまでの経緯

当初の設計には山口貯水池の築造計画は全くあらわれていないのに、なぜ山口貯水池を急速に完成させる必要が生じてきたのだろうか。

東京市の水道水源である多摩川については、大正四年以来ひきつづき流量が実測されてきた。そして水道で必要な水量と玉川上水の分水量の関係との綿密な調査研究がなされてきた。その結果によると、冬の渇水時期には村山貯水池の水量調節だけではどうしても完全な給水使命を果たせないことが、明らかになってきたからである。

それでは給水の不足を補う方法として、どのような計画を立てたらいいのか。

①原水を多摩川以外の水系から導くか、または、②貯水池をあらたにつくるか、という問題が慎重に調査研究された。①の設計ならば、導水路を新しくつくればいいのだから、②の貯水池新設にくらべたら簡単である。なるべくなら①の他の水系から水量を導引する方法にきまるようにとの期待がもたれた。

そこで、他の水系といえば、まず、(1)多摩川支流秋川、(2)荒川、(3)江戸川、(4)相模川等である。(1)と(2)では必要とする補給水量に足りない。(4)の相模川は流量は豊富だが水源が遠距離であること、隧道に工事費がかかりすぎるので得策ではない。(3)の江戸川案は流量豊富で近距離ということで、いちばん有望視されていた。

どの案を採用するかについて、水量・水質・送水・既定拡張設計の各種構造物の利用・工事費・維持費・既得水利権に及ぼす影響にわたって詳細に検討し、比較対照し、当局者間で議論がたたかわされた。

　最も有望だった江戸川案は配水系統上と水質の点で利益でないところがあって、結局、②の貯水池築造となり、山口貯水池案が最も優れたものとして採用されることになったのである。

### c　用地買収・施工

　山口貯水池は、村山貯水池の西隣の埼玉県内にある俗称狭山ヶ丘といわれる丘陵内の窪地の東側を、土堰堤で堰き止めるものであった。ここに六億立方尺からの水を溜めるのであるから、用地は埼玉県と東京府の七ヵ村にまたがっていて、用地総面積は約二二七万坪で、用地内にある家屋で移転してもらわなければならなかったのは四六三棟、そのころまでこの谷あいで生業を営んでいたものは約三四五戸、人口約一八〇〇人で、住民の多くは農業に従事していた（『山口貯水池小誌』昭和九年三月）。

　昭和二年八月、工事が認可になると直ちに用地買収が始まったが、買収価格が低廉だとして当初は地元村民の強い反対にあった。だが地元有力者や従事員の努力で協議は進捗した。

　この買収でとくに初めてのケースとして、小作人に対して離作補償の方法を採ったことである。なにぶん用地面積が二二〇万坪以上という広い区域にわたっているので、買収には日数を要する。そこでまず第一に水面となる場所と工事に直接関係する部分から着手することにして、三年三月には用地の主要部分を手に収めることができた。認可後一年を出ないで早

山口貯水池地域中心より大笠方面を望む

山口貯水池堰堤盛り土運搬

山口貯水池堰堤中央止水壁粘土工（昭和５年８月）

市内鉄管工事現場（昭和８年６月）

山口貯水池竣工式（昭和９年４月１日）

くも着工できるまでになったのである。

昭和四年六月地鎮祭。それより直営工事で進め、施工上さしたる障害にもあわず、工事は順調にはかどった。

顧みれば、これ程に工事が順調に進捗したのは他に類例の乏しい程に、好き環境に恵まれた事業であった。即ち、広々とした広漠たる武蔵野の農村地帯には、農村からの労働力がいくらでも集まり、最盛期には一日二千五百人を数えるにいたった。また世の中が不況にあえいだ時期でもあり、人夫賃は日給九拾五銭と云う低賃金で、いくらでも集め得る状態にありまた工事材料費なども低落の一路をたどっていた。（中略）工事は物価下落の裡に行なわれ、あまつさえ、その頃ようやく開発せられた重油機関が、米国より次ぎ次ぎと輸入されたために施工能率が大いに挙り（後略）……。（小野基樹『東京の貯水池の物語り』第二話「山口貯水池」、昭和四十八年四月）

山口貯水池と給水塔

山口貯水池工事では、村山貯水池と同様、ここに土堰堤を築造するもので、堰堤は中央部の止水壁（いわゆる堰堤の塊）とその両側の盛り土工事から成っていた。土堰堤工事の中で最も重要で困難な仕事はこの止水壁をつくることであった。この部分は堰堤ができ上がってしまうと外部からは見られなくなるが、大きな水深に相当する高圧の水を、完全にこの塊で漏水させないようにしっかりと作っておかなければ、いくらその周りにたくさん盛り土をして頑丈な外観にしても、実際には全く不安定なものとなるからである。

山口の堰堤工事では、普通の工法どおり自然地盤以下はコンクリートで築造し、それ以上、

引き出し水路隧道ライニング用内径2800ミリ鋼鉄管（昭和7年8月）

つまり上部から堰堤までの間は、特定の規格に合わせて精選した粘土で、粘土止水壁を築造した。

なぜこの粘土部分をその下部と同様にコンクリートで作らないかというと、この自然地盤以上の部分で止水壁は両側の盛り土に支えられて直立の姿勢になっていられるのである。盛り土と一体となって地震などのときに肌離れしないようにするためには、この部分がコンクリートではうまくいかない。土堰堤にはこのように必ず粘土止水壁がつきものとなっていた（佐藤志郎著『東京の水道』昭和三十五年六月）。

また、土堰堤の主体をなしている盛り土工事であるが、山口の土堰堤で要した盛り土の総体の容積は約二〇万坪であった。これは旧丸ビルを一つの枡（約九〇〇万立方尺）として、その枡で約五杯分運んで締め固めた莫大な分量であった。良質な土を適当な土取場からディーゼルショベルを主として使って掘り取り、これを堰堤現場までディーゼル機関車Ｖ型運搬車等で運搬し、蒸気ローラで輾圧する作業を順序よく進めた。

盛り土工事には昭和五年三月初めて着手し、五年九月から七年七月竣工までの二年間、昼夜連続三交代で作業を急いだ。夜間には十分な照明設備をして作業を進めたので、かえって昼間の作業よりも優れた成果があがった。

昭和七年十月にこの貯水池に通水を開始し、工事が進むにしたがい原水を引き入れてしだいに貯水量をふやし、昭和八年三月には主要工事は完成したので、貯水池としての効果が発揮できるようになった。

以後は関連工事を急ぎ、市内配水管工事が全部完成した昭和十二年三月を最後として、東京市が計画着手し実に二四年の長い間にわたって施工してきた第一回の水道拡張事業は、これで全部終了を告げたのである。

## 三　市域拡張と町村水道・民営水道の合併・買収

### 市域拡張前後の郊外水道

関東大震災後の東京は目ざましい勢いで復興した。いったんは地方に避難していた人びとも相ついで帰ってきた。復興東京の発展ぶりを目がけて地方からもぞくぞく東京に集まってきて、市内人口の膨張ぶりには目をみはるものがあった。

東京市に隣接する近郊町村の発展も目ざましかった。郡部に避難した者のなかには、そのまま郡部に定着する者も多かった。ほかの地方から郡部に入ってきて各種事業に従事する者も多くなり、周辺郡部は急激に人口の増加をきたした。

こうした近郊町村の急激な都市化をうながしたのは交通機関の発達である。各地に郊外電車がぞくぞくと設けられ、バスが縦横に走り廻るようになると、東京市域と近郊町村というふうに行政区画としてははっきり区分けがあっても、ほとんど都市化した隣接四〇ヵ町は実質は東京市の延長に過ぎず、その市街の発展は市内とすこしも変わるところがなかった。

市民といい郊外民といっても事実上は日常生活の利害の上ではまったく有機的に一体をな

し、社会生活に経済生活に密接不離な関係を生ずるようになっていた。

しかし市内と郡部とでは水道の有る無しで随分ちがっていた。たとえば火災の場合、あるいは悪疫流行の場合は無論のこと、その他日常の用水確保の利便をくらべてみても、生活上非常な差異が生じていた。

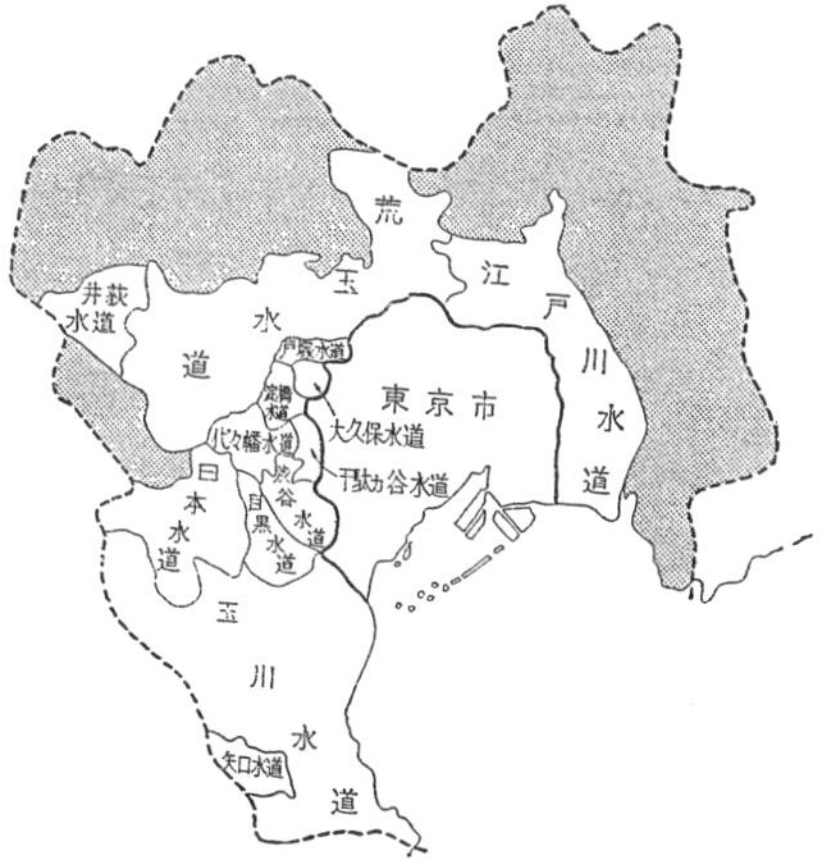

東京市への引き継ぎ、買収以前の郊外水道図

だから東京市外の各町村では随分以前から市内と同じように市からの上水供給を受けたい希望を持っていた。しかし市営の水道を近郊町村にまで延長して市外給水をすることは、設備や水量、経費などで困難のため、すぐには実現できなかった。

その後村山貯水池が完成して多少なりとも余力が生じたので、隣接町村中もっとも早くから開発された淀橋・千駄ヶ谷・大久保・戸塚などの各町のつよい希望によって、これら四町にかぎり、町内の小学校（小学校児童の飲料水供給）と沿道の消火栓に市の配水幹線から連絡給水する上水の分譲を行うことになった。

しかし隣接町村の大部分は市の援助をまつこともできないので、それぞれ自力で上水供給計画を立てなくてはならなくなり、町村が組合を組織して水道事業を営んだり、あるいは単独町営になるもの、または民間の企業家が営利的に水道会社を設立するようになった。昭和七年に東京市の区域変更が行われた頃には、隣接の荏原・豊多摩・北豊島・南足立・南葛飾の五郡八二ヵ町村には合計して一三の水道ができていた。

これらの水道が給水を開始した時期を見ても、東京の郊外がいかに発展していったかの過程がわかる。

郊外水道のなかで最初に給水を開始したのは、京浜間の主要郊外地を給水区域とする玉川水道株式会社であった。この地区への移住者は漸増したが飲料水はきわめて不良で、住民は買水または天水を貯溜して使用するような状態だったところである。

そのつぎは、山の手方面でいちばんにぎわっていた渋谷町水道、つぎに郊外で唯一の工業地であった江戸川上水町村組合、さらに遅れて山の手方面の住宅地一帯を給水区域とする荒玉水道町村組合が通水した。これらの地域はいずれも移住者が加速度的に増加して鑿井が激増したため、湧水量がいちじるしく減少し、飲料その他の用水が欠乏して、衛生上、防火上、水道の敷設が急務となったところである。

これで東京市郊外水道の主要なところはだいたい一段落を告げ、あとは取り残された区域で比較的小規模な計画の工事を進めて給水を開始している。なお町営水道のなかで他の水道

| 水道名 | 経営形態 | 水源 | 主要施設 | 給水開始年月 | 給水区域 |
|---|---|---|---|---|---|
| 玉川水道株式会社 | 会社経営 | 多摩川 | 玉川浄水場、調布浄水場 | 大正七年十一月 | 品川、大森、蒲田など一四町村 |
| 渋谷町水道 | 町営 | 多摩川 | 砧下浄水場、駒沢給水場（配水塔） | 大正十二年五月 | 渋谷町および世田谷町・駒沢町の一部 |
| 目黒町水道 | 町営 | 渋谷町より浄水分譲 | | 大正十五年四月 | 目黒町 |
| 江戸川上水町村組合 | 町村組合経営 | 江戸川 | 金町浄水場 | 大正十五年八月 | 隅田、寺島、亀戸、砂町、南千住、尾久など一二町 |
| 淀橋町水道 | 町営 | 東京市水道より浄水分譲 | | 昭和二年五月 | 淀橋町 |
| 千駄ヶ谷町水道 | 町営 | 東京市水道より浄水分譲 | | 昭和三年五月 | 千駄ヶ谷町 |
| 荒玉水道町村組合 | 町村組合経営 | 多摩川 | 砧上浄水場、野方、大谷口両給水場（配水塔） | 昭和三年十月 | 王子、巣鴨、板橋、落合、野方、杉並など一三町 |
| 大久保町水道 | 町営 | 東京市水道より浄水分譲 | | 昭和四年三月 | 大久保町 |
| 矢口水道株式会社 | 会社経営 | 地下水 | 矢口浄水場 | 昭和五年十一月 | 矢口町 |
| 戸塚町水道 | 町営 | 東京市水道より浄水分譲 | | 昭和五年十二月 | 戸塚町 |
| 代々幡水道 | 町営 | 地下水 | 第一号～第七号鑿井 | 昭和六年十月 | 代々幡町 |
| 井荻町水道 | 町営 | 地下水 | 杉並浄水場 | 昭和七年三月 | 井荻町 |
| 日本水道株式会社 | 会社経営 | 多摩川 | 狛江浄水場 | 昭和七年十月 | 世田谷町、駒沢町 |

隣接五郡における水道の分布（給水開始年月順による）

から上水の分譲を受けているところは、独立した水源と浄水場を持たず、したがって水道施設としては配水鉄管と消火栓だけであった。

## 町村水道・民営水道の合併・買収

### a　東京市市域拡張

東京市域内と、郡部の新しく市街化された地域とでは、さまざまな格差が生じていた。二重行政の不合理、不経済、不統一の混乱から、住民側からも、行政側にしても、いろいろな問題が起こっていた。

たとえば東京市の水道料金（昭和七年）を例にとると、一般家事用は一ヵ月一〇立方メートルまでの使用量の場合、九三銭であったが、郡部では料金はまちまちで、しかものきなみ一円を超えており、最低でも一円二〇銭、最も高かった千駄ヶ谷町水道では一円六〇銭で、その差は七〇％を超えていた。当時の物価を調べてみると、白米一〇キロが一円九〇銭、食パン一斤が一六銭だったから、かなり大きな料金格差だったと思われる。

郡部水道はこのように個々別々の水道企業者が、べつべつの計画で工事や経営を行って、なんらその間に連絡統一がなかった。これらの水道を東京市営として統合して、拡張事業や経営に必要な経費の節減をはかること、そして公平に所要の経費を分担させ、なおかつ供給費を低減させようとすることは、市域拡張実施の大きな理由の一つにも挙げられていたこと

玉川浄水場

駒沢配水塔

であった。

　かくして東京市と郡部を完全な一つの有機体として考え、都市の内容を改善充実させるために、長い間の懸案だった市域拡張が昭和七年十月一日より実現した。隣接の荏原、豊多摩、北豊島、南足立、南葛飾の五郡八二ヵ町村が東京市に編入され、二〇区を加えて三五区となり、人口でも倍増の四九七万で、当時、世界第二位の大都市となった。

　このとき周辺地域の水道も市に合併されることになった。まず町営と町村組合経営の一〇公営水道が合併され、ついで会社経営の三民営水道も、玉川水道が昭和十年、矢口水道が昭和十二年、日本水道が昭和二十年に、それぞれ買収された。

　合併後、これらの水道の施設のほとんどは今日まで使われているが、金町浄水場（江戸川上水町村組合）のように、たび重なる拡張の結果、昔の姿をほとんどとどめていないものもある。砧上（きぬたかみ）浄水場（荒玉水道町村組合）や砧下（きぬたしも）浄水場（渋谷町営水道）のように、合併当時の姿のまま、今日もなお給水をつづけているものもある。

この合併によって新市域の給水サービスは大いに改善された。なかでも料金が旧市域の水道料金と同じ取り扱いになったため、料金の負担は三〇％も軽減した。

しかしその反面、東京市の水道の財政状況は苦しくなった。そのための増収対策として昭和八年度までに一〇万栓の増栓計画がたてられ、大々的な給水普及の宣伝が行われたのである。

### b　新市域一〇水道の統合

昭和七年十月一日市域拡張の結果、新市域の一〇公営水道は東京市の水道に併合統轄され、東京市が継承経営することになったのであるが、これらのうち、まだ創設工事中（一部給水は開始していた）であった代々幡と井荻の両水道、そして、拡張工事中だった江戸川と荒玉の両水道について、それぞれの残工事は東京市が引き継ぎ施工している。

また、淀橋・千駄ヶ谷・大久保・戸塚の四町営水道は、併合前から市の水道局の配水幹線より連絡給水されていたが、そのほかの六水道（四町営水道、二町村組合営水道）はそれぞれ独立した水源をもつ別系統の水道で、給水能力に余裕のあるものと水不足のところもあった。いちばん困るのは万一これらの配水幹線で事故など起こると、たちまちその給水区域は断水してしまうことだった。

東京の水道の併合後のいちじるしい特徴は、水源が多岐で配水系統が錯雑していることで、このように一貫性を欠いた複雑な水道は、わが国では他に例がなく、世界的にもまれであろう。そこにはあらゆる種類、規模、方式の水源、浄水場、導送配水路の施設が一堂にあつまっていて、さながら一大水道博物館の観をなしていた。

そこで新市域の水道の整備を行うにあたって、各水道相互間に連絡管を敷設する工事や、新市域内の未給水区域と既給水区域内に配水管を増設する工事を施工した。これらはいずれも引き継ぎ併合後、数年間かかって竣工を見ている。

しかし全系統が統合整理のうえ再編成されて、すっきりと合理的な姿になるのは、これよりずっと後年のことで、根本的には、戦後、利根川系水道拡張事業の中で東西・南北幹線が計画実施されるまで待たなければならなかった。

### c　会社経営水道の買収

市域拡張地域では前記の一〇公営水道が市に引き継ぎ統合されたが、まだ玉川・矢口・日本の三民営水道がのこされており、それぞれ独自の立場で経営をつづけていた。これらの水道は営利会社経営なので、当然のことながら水道料金や工費は市営のものより高く、市民の負担に不均衡を生じていた。市域拡張後は区域住民から、民営水道の買収についての陳情がひんぱんに出されるようになってきた。

ところで玉川水道であるが、沿革は古い。東京市のなかでも京浜間東海岸一帯の南部郊外地区は移住者が多くなり、飲料水不足をかこっていた地域で、明治四十五年七月に社団法人荏原水道組合が創設された。これはわが国で初めての私設水道であった。

しかし着工はしたが、経営困難におちいり、事業は頓挫した。大正七年二月にようやく玉川水道株式会社が資本金三〇万円で設立され、前の荏原水道組合を買収して、事業を承継した。諸設備に改善を加え、その年の十一月から早くも一部地区に給水を開始している。その後給水諸設備を拡張し逐次増資も行われてきた。昭和十年三月二十三日に東京市に買収合併されたころは、資本金総額一五〇〇万円に達していた。

東京市は昭和九年五月、この私営水道の許可年限が満了するのを機会に買収することを市会で決定した。六月には会社あてに買収の通告をした。臨時水道施設評価委員会が市に新たに組織され、委員会の慎重審議をへて十月には買収金額算定の基礎資料ができたので、会社と協議を開始することになった。

ところが会社はこれに応ずる意志がなく、協議は中途で中止された。市からは続行を要求したが応ずる気配もなく、いたずらに日がたつばかりだった。

その後、市では会社の申し出に適正な理由のあるものについては、十分誠実に適正な方途を講ずべく熟議した結果、評価額の一部修正を十一月に市会が可決した。そこで会社に買収価格を通告して承諾を求めたが、回答は不承諾だった。

市では玉川水道に勤めている従業員が失職しないですむように、できるだけ引き継ぎ採用することとして、市に就職希望を申し出させるなどして、従業員の不安を一掃するようにしたが、大多数の従業員はそういう希望はもっていても、当時の事情からこれを表面にあらわすことができず、「執務をよそに同志ひそかに相寄って苦慮するに過ぎなかった」(『東京都水道史』）ようであった。

この引き継ぎは平和的なやりとりが極めて困難な情勢にあったので、引き継ぎ期直前の昭和十年三月十三日に臨時玉川水道引継部を新設して、慎重に各部署の配置も考えて事に臨んだ。

三月十六日、市は府知事の決定により買収物件の範囲と、買収金額を一八二六万八五四八円七五銭と決め、必要な許認可の指令を得て、三月二十日玉川水道の区域を市の給水区域に編入して給水開始の告示をし、諸般の手続きをおえた三月二十二日午後十二時、会社の一切の設備財産を引き継ぎ、翌日の三月二十三日より市営となった。

しかし買収はそうたやすく事が運んだわけではなかった。各新聞ともいっせいに「玉川水道の引継ぎ夜景・頑張る株主」などと大きな見出しで写真入りの記事を連日のせている。

昭和一〇年三月二二日許可期間満了の日はついにきた。（中略）各施設物は株主有志団が占拠していて、門扉をかたく閉ざし、本市の係員は場外に対峙し、罵詈讒謗を浴び、冷寒を忍んで、引継予定の時刻である二三日午前零時を待ったのであるが、（中略）夜半一二時を告げると同時にいっせいに引継を開始しようとして、係員は各施設場に入ろうとすると、たむろしていた反対同盟株主団はこれを阻止したが、折衝数刻、警察官の制止と係員の懇切叮嚀な説得により、まず大井ポンプ場から、池上給水場、玉川浄水場、等々力ポンプ場、宮内仮取入口と順次に入場して引継を完了した。株主団も間もなく退場して平穏裡に経過した。

調布取入口は最も多数の株主団が占拠して入場を拒み騒然たる気勢をあげ、闇に立ち昇る篝火は夜の多摩川に映じ、争わんかなの気勢に凄みを見せたが、よく説得した甲斐があつて、（中略）送水の停止というような大事はまぬがれることができた。（中略）本社の建物には株主数百名が占拠して、門を閉じて頑強に引継入場を拒んだ。やむなく大森警察署長の好意的折衝により交渉委員として係員六名が入場できたが、株主連は退場しないばかりか買収の不法不当を叫び、抗争して引継を妨害し、一時はほとんど解決できない情勢になつた。しかしようやく午前一〇時すぎになつて事務の引継を完了することができた。

（佐藤志郎著『東京の水道』前出書）


この玉川水道に働いていた職員傭員で市に就職を希望する者は、銓衡のうえことごとく採用された。また水道事業廃止にともなう役員以下従業員への手当金は市より支給した。従業員は安んじて業務につくことができ、引き継ぎ後の水道は明朗化した。

市が水道引き継ぎ後買収にともなって支出した費用は、買収金額（前記）のほかに調布取入口海水防止堰堤工事費、未経過保険料、未収入金、拡張貯蔵品、役員以下従業員退職、解散手当を加えると、約二〇〇〇万円以上の支出となった。

なおここの給水区域内の市民は私営時代は一ヵ月一四立方メートルにつき一円七五銭を支払っていた水道料金が、市なみの一ヵ月一〇立方メートル九三銭となった。一般家庭の水道料金は一ヵ月一〇立方メートル以下が普通だったから、これを考えると、一ヵ月で八二銭、すなわち四七％の値下げとなり、城南六区六十万余の市民の懸案が解決をみることになった。

この玉川水道は会社創設当時、折しも第一次世界大戦の影響で鉄管がはなはだしく暴騰したため、配水本管に木製の管を使用していたが、木管からの漏水がひどくなり、会社自体でもかなり以前から幾度か鉄管に布設替えをしていた。それでも昭和十年三月に東京市に買収された時点で、なおまだ延長三〇〇〇メートルもの配水管に代用された木管が残っていた。これらは市営に移されるとすべて鉄管に布設替え工事がなされた。

当時この木管からの漏水は相当に激しかったものとみえて、漏水を放置しておくと付近の地下水をうるおし、逆に井戸水の出が良かったということである。木管を鉄管に布設替えする工事のために断水すると、たちまち付近一帯の井戸水が涸れてしまうところもでてきた。井戸水に頼っていた公衆浴場などでは営業に支障をきたすものも現れ、責任を水道局に転嫁してきて補償要求といったような一幕もあったそうである。

これで東京市域内には矢口・日本の両私営水道だけが民営として残った。市ではこの両水道も統合する意図をもっていた。矢口水道株式会社（布設許可年限昭和二十四年三月六日、資本金三〇万円）の方では早くもこれを察知し、玉川水道が買収された直後に早くも市営に統合の意思を示す具申書を市に出してきた。給水区域内住民の中からも市営を要望する声が高まり、陳情もはげしくなっていた。買収交渉はどんどん進捗し、市が示した買収金額三二万円で少しの波瀾もなく買収は成立した。昭和十二年三月一日には水道設備その他の引き継ぎが完了した。

なお、会社従業員で市に就職を希望する者は全部採用されたことは玉川水道の場合と同様であった。また、水道料金も一般家庭用一〇立方メートルにつき会社時代の一円六五銭が市なみの九三銭となったので、七二銭の低減、約四四%の値下げとなったのである。

これで、あとは日本水道株式会社（布設許可年限昭和三十五年十二月二十六日、資本金二〇〇万円）だけが民営水道として残った。市としては全市域にわたる給水の円滑をはかり、市民の負担を均衡化するためには、ぜひともこれも買収して、水道統合を完成させる必要があった。

区域住民からも再三にわたって買収促進の陳情がだされていた。会社役員と水道当局とで折衝を重ねたが、買収価格の点で折り合いがつかず、強制買収もむずかしかったので、買収は一時打ち切られた。

しかし昭和十九年も押しつまったころ、あらたに買収交渉が開始された。なおこの日本水道から上水の分譲をうけて給水していた成城学園水道利用組合が経営していた水道があり、この際この水道設備も一緒に買収統合することになった。昭和二十年四月一日、買収金額二七六万八七〇〇円（日本水道設備買収二七三万三〇〇〇円、成城学園水道設備買収三万五七〇〇円）で買収が行われ、都の経営に一元化された。

## 一〇万栓の水道増加計画

合併後の旧市域と新市域は、ともに配水量増加の傾向にあったが、とくに新市域ではいちじるしく増加してきた。これは隣接水道が市に合併後、料金が合併前にくらべていずれも三〇%前後低廉となったことも原因の一つと考えられる。

一〇万栓増加計画というのは、すべて旧市域なみに水道料金を引き下げたことによって生ずる減収の補塡策として展開された大規模な水道普及運動で、これは画期的な対市民活動としても注目された。

この増栓計画実施についての当時の記録から拾ってみると、昭和七年十月一日から九年三月三十一日までの一年六ヵ月間（昭和七、八年度の二ヵ年度継続事業として）に、一〇万栓の増設工事を行うものである。こうした計画を立てた理由は、㈠大東京出現の記念事業として決定されたこと、㈡併合地域における給水の普及をはかり、新市部の住民にも伝染病の撲滅、井戸の水涸れをなくそうとしたもの、㈢水道財政の歳入欠陥の補塡策として考えられたものである。

当時、水道をまだ使用していない市民というのは、良質な井戸水に恵まれていて水道の必要がない者、または経済上引きたくても引けない人びとが主であったろう。一〇万栓計画を推進するためには、大東京記念事業の特典を利用して、広範囲に申し込みが増加するよう

一〇万栓普及宣伝しおり

に、相当思いきった規定の改正が行われた。

なかでも、引き込み工事費の払い込みを一〇年賦制にしたことが大きかった。

水道工事で最も申し込みを躊躇させていたものは、一時に多額の工事費を払い込まねばならないことであった。ことに井戸水の使用に慣れた新市域の居住者には、この点なんとかサービスとなるような方法が必要であった。そこで工事費四五円までは一〇年以内の分納を許可することになったのである。

新市域での一件当たりの引き込み工事費の見込みは三〇円から四五円程度、その平均の三五円から三六円の工事費を目標として、分納の許可限度を四五円とした。従来の一ヵ月一円二〇銭の使用料が旧市域なみの九三銭に値下げされたのだから、従来の一円二〇銭負担を覚悟すれば、水道の使用料と工事費の分納もあわせて完納となるから、知らない間に水道施設の一切が自分の所有となる。言いかえれば、大東京の実現により水道局から水道一本を記念として新規使用者に贈呈した形となり、未給水者からの感謝を期待してこうした制度が設定された。

つぎに、水道の普及宣伝と申し込みの勧誘方法に新機軸をだし、お役所式の型を破ったことである。なかでも役所をして事務室から街頭に立たせ、市当局が市民の中に飛びこんで事業推進についての理解を求めたことであろう。これらの成果は、一〇万栓増設完成の意義ある副産物と見ていいであろう。

# Ⅳ　戦争と水道

# 一　戦時下の水道

## 需要水量増加に対する拡張計画

渇水期に備えての貯水池（村山・山口）の建設や、境浄水場、和田堀浄水池その他を建設して、給水能力を日量二四万立方メートル増加させた第一水道拡張事業が、その全工事を終了したのは昭和十二年であったが、それ以前から、すなわち第一拡張が最盛期を迎えた大正十五年頃から、この事業が完成しても五、六年先の給水量をまかなうのが精一杯だと予測されるほど、需要の増加がつづいた。

大正十五年三月、東京市会でも、「将来、大東京実現ノ場合ヲ予想シ、本市上水道事業上、百年ノ長計ヲ樹テラレタシ」と決議されている。昭和二年十月には市長の諮問機関として臨時水道拡張調査会が設置され、至急に対策を立てることになった。

しかし、水源をどこに求めるかが大きな問題であった。この当時の記録をみると、新たに獲得する水道水源として、これ以上、同一水源（多摩川）に求めることは、水道百年の大計の期待にこたえるものではなく、大正十二年の関東大震災のときの水道への大きな影響も参考にして、できるならば多摩川は避けようとしていたことがわかる。

そのわけは、多摩川は流域面積も小さいことだし、村山・山口両貯水池によって多くを利用している状態であったから、多摩川に新水源を求めることはなるべく避けて、ほかの流量豊富な河川に水源を求めることが賢明な策だと考えられていた。

そして当時、利根川・江戸川・相模川・荒川などについて調査検討し、なお遠くは三島湧水・見沼代用水・手賀沼・霞ヶ浦など幅広く調べて歩いたのだが、これはと思う水源（とくに利根川や江戸川、相模川など）は、いずれも他県内の河川であるため水利権問題で難関にぶつかり、結局は多摩川にたよるほかに途がなかったのである。

もともと多摩川は、利根川や相模川などにくらべたら、流域面積も小さく、したがって流量も豊富でないから、これを高度に利用しようと思えば、どうしても容量の大きな貯水池が必要となってくる。

そこで多摩川におけるダム地点やその他の関係で、幾種類かの比較案をつくって研究した結果、小河内貯水池案が最終案として採用されたといういきさつがある。

しかし採用されたとはいうものの、いざこれを実施に移そうということになるといろいろな障害が待ちかまえていた。ダム工事そのものへの強い反対や批判が、民間の有識者や技術者からもさかんに提出され、当時東京市会でも一時は小河内建設をとりやめようというようなきわどいところまできたが、そのころ、急場しのぎに施工中の応急拡張事業（これは江戸川を水源とするものだが）とともに、現状の設備能力の不足を急遽おぎなうためには、どうしても小河内計画を促進しなければならない、ということで決定された。
なおその際、将来の拡張計画の調査もいっそう本格的に促進して、東京の水道の充実を期するように、という付帯条件がつけられたのである。

### a　小河内貯水池計画

ところで、多摩川の上流部は河床の勾配が急で、その流域の山腹がまたけわしく、河水の出足が速くて、洪水量と渇水量との差がはなはだしかった。水道の水源としてみても、日照りが続くと、すぐに水不足が心配になる。雨が降ったといえば、まず上流の水源地によけい降ってくれただろうかと気がかりになる。こんな不安定な状態ではコンスタントな給水に直接ひびいてくる。そこで、洪水調節の面からも、多摩川の上流部にダムをつくって、総合的な水利用の合理化をはかる計画が打ち出されたのである。

数種の案を作り検討した結果、最終的には小河内貯水池の築造と東村山浄水場の設置を骨子とした小河内貯水池建設計画が採用されるに至った。西多摩郡奥多摩町（旧小河内村）に高さ一四九メートル、コンクリート全容量一六八万立方メートルの巨大なダムで多摩川の本流をせきとめ、奥多摩町と山梨県の丹波山(たばやま)村、小菅(こすげ)村の一町二ヵ村にまたがる大貯水池（貯水量一億八五四〇万立方メートル、丸ビルを枡にして七〇〇杯）が建設されることになったのである。

ここで多摩川の豊水期の水を貯えておき、渇水期に放流して、いつでも一定量の水が多摩川を流れるように調節する役目をもっている。

この小河内貯水池を根幹とする水道拡張は、これまでの第一水道拡張（多摩川の流水を村山・山口の両貯水池によって調節するもの）に対して第二水道拡張事業と称している。

さて、昭和六年に貯水池の計画が発表されると、地元（小河内村・丹波山村・小菅村）の関係村民は一時こぞって反対した。しかし、事業の公共性と東京市民に必要な水のためであるということで、協力することになった。昭和七年には市当局との間で、「事業認可があれば一年後には必ず移転買収費全額を交付することにするから、村民は移転地を物色してほしい」との話し合いがきまって、工事は着手準備にかかった。

ところが、順調に進んでいた小河内ダム建設に、たいへんな横槍がはいったのである。多摩川下流にある神奈川県稲城（いなぎ）・川崎二ヵ領用水組合からの抗議である。

「多摩川の上流は東京かもしれないが、下流は神奈川県にも流れている。稲城・川崎二ヵ領用水は、多摩川下流に取入口をもち、下流の右岸一帯を灌漑している多摩川沿岸の最大の用水である。東京だけで占有するダムを相談なしで作るとはもってのほかだ」というのである。

小河内計画が本格化し、昭和七年にはこれを根幹とする水道の拡張計画案が市会をとおり、事業予算も計画どおり決まって、いよいよ着手しようという段になって、思わぬ障害が待ちぶせしていたのである。

湖底に沈むこととなり先祖伝来の土地や家屋敷を持っている村民は、一年以内に移転費もでるだろうと初めの言葉を信じていたので、仕事に精もでず、畑に肥料もやらず橋もこわれ放題で生活は困窮をきわめてきた。村民はおかゆをすすってその日をおくり、高利貸や娘買いが横行して、村は悲惨のどん底にあえいだ、という。

この状態が三年つづいた。小河内ダム建設は下流の二ヵ領用水との水利権の軋轢（あつれき）等が重なって、計画どおりにはなかなかはかどらなかった。村民はただ一日も早く工事を開始してほしいと願うばかりであった。

しかし事態はすこしも好転しない。この問題が遅れれば遅れるほど、もはや一日も猶予できないほど形勢が悪化してきた。小河内村地元村民が奮起してついに東京市を騒がすに至ったのである。昭和十年十二月十三日の東京朝日新聞には、「東京市の貯水池問題悪化し大挙陳情を企つ、青梅署は氷川村で阻止か」という見出しで報道している。

六百万東京市民水の守りとなるため近く湖底と化する府下西多摩郡小河内村、山梨県北都留郡丹波山村、小菅村は（中略）貯水池が出来るというので山林、田畑、道路は荒れるが儘にまかせ最近では積る借金に疲弊の極に達し東京市でも見かね小河内村で救済工事を起して不平緩和に努めているがそれも焼石に水の有様で遂に不平勃発して三箇村民約一千名は今十三日早朝を期し西多摩郡氷川村に集合、同所より三々五々帝都に潜入し内務省、東京府、東京市、警視庁等に貯水池促進のために大挙陳情の手はずになっており……（後略）

住みなれた土地を湖底に沈めなければならなかった地元民の苦衷は、当時の社会に反響を呼んだ。

夕日は紅く身はかなし
涙は熱く頬を伝う
さらば湖底のわが村よ
幼き夢のゆり籠よ
（島田磬也作詞、鈴木武雄作曲「湖底の故郷」の一部、東海林太郎歌唱）

と歌にまで歌われたり、石川達三氏は「新潮」昭和十二年九月号に長篇小説『日蔭の村』を書いて多くの人びとに読まれたが、当時の新聞には「多摩川」という活字が見られない日はなかった。

昭和十一年に入り、事態はいよいよ切迫した。内務省ではこの問題解決に真剣にとりくみ、東京・神奈川両府県知事に対して内務省の裁定案をもとにお互いの歩みよりを勧告した。この勧告にしたがって両府県知事は、熱心に協議を進めることになり、ようやくのことで双方の話し合いは少しずつ歩みよりが見えてきた。ついに二月二十四日、二ヵ領用水問題の申し合わせ書が成立した。

こうして小河内貯水池築造に関連して二ヵ領用水組合との間に起こった紛争は、昭和八年以来足かけ四年もかかってようやく両者の協議が成立し、二月二十六日を期して正式調印ということになったが、その日未明から二・二六事件が突発したため、翌三月二日に正式調印が行われた。

これと前後して、このころ小河内貯水池の計画に対する批判がさかんにでてきた。この画期的なハイ・ダムの築造計画は、ダムのボリュームからいっても当時としてはもちろん日本一で、世界でもアメリカのボールダー・ダムに次ぐものというから、このダムの計画をめぐって世論を沸騰させたことはいうまでもなかった。

民間の有識者や技術者からは、市民の財政負担に影響するという面からの批判で、巨費を投じて作ってもその割に得るところは少ないのではないのか、とか、むしろ水源を地下水に求めよ、とかで、またこれとは別に、ダムの経済的批判、安全度からみた技術的批判や意見、要望などもさかんにだされた。

東京市会でも、小河内貯水池批判をめぐって大問題となった。市会の一部からは、多摩川の平均流量からみて計画どおり水は溜まらないのではないか、などの意見もだされ、さらに水道当局内部の技術首脳部の間で、この貯水池の水量調節上の計算等について鋭く意見が対立し、市会でも一時は小河内建設は廃止というきわどいところまでいったが、慎重審議の結果、小河内ダムによる水道拡張は計画どおり決定となった。

しかし、問題はまだのこっていた。それは小河内の用地の買収交渉である。値段が折り合わないのである。しかし四年前の市会できめられた予算の枠は動かせない。交渉は行きづまった。しかし種々曲折を重ねてようやく買収交渉もまとまり、昭和十三年には起工式が行われるに至ったのである。

ようやく工事にはとりかかれたが、そこには戦争という事態が待ちかまえていた。

戦時体制に入ると、主要材料のセメントなどの調達が思うようにいかなくなり、労務者は徴用されてしまい、食糧確保も困難となってきた。

しかし、予定の工期よりは遅れたが、材料運搬道路やダム地点の川の流れを迂回させる排水トンネルも完成し、ダムコンクリートを施工する機械類の据え付け、整備も完了し、昭和十七年秋には機械設備の総合運転を行うことができるまでになり、その年の末頃にはダムコンクリート打ちを開始するまでの一切の準備を完了したのだが、時局は大量のセメント入手が困難となったので、昭和十八年十月、ついに工事中止が決定された。

### b　応急策としての拡張事業

第二水道拡張事業が戦争の影響で停頓している間にも、市民の使用水量は増加の一途をたどっており、東京の水道は設備の能力をこえた給水でどうにかまかなわれていた。

応急拡張事業というのは、小河内貯水池が利用できるようになるまでにはまだ相当かかる見とおしだったので、その間の需要増に応じるために中間的な応急対策として計画されたもので、江戸川系の金町浄水場（これは江戸川下流に水門や閘門（こうもん）をつくることなどを内容とした、国の江戸川水利統制事業によって生みだされた水源をあてたもの）、多摩川下流系の砧下浄水場の設備を拡張して給水増加をはかるため、昭和十一年に着工され、一部施設の竣工によって計画の約半量の給水を開始したが、戦争の影響で昭和二十年度で工事は一時中止となった。

さらに、昭和十三年に始まった配水施設拡張事業というのは、それまで第二水道と応急の両拡張工事を急いでいたが、いずれも完成までには長年月を要することから、それまでの不足水量をひねりだす対策として行われた。既設の施設を改善し、能力アップをはかろうとしたのだが、戦時下の困難な条件のもとについに完成せず、昭和二十年になって中止した。すでに一部は完成していたが、残りは応急拡張事業に引きつがれた。

またこれとはべつに、城南地区の給水不良に対処して、相模川の水を浄水で分譲を受ける分水協定を昭和十八年に神奈川県と結び、城南配水補給施設事業を計画し、事業の認可もおりたのだが、これまた戦争の激化にともなってほんの一部をのぞき着手されなかった。

### c　利根川系による第三水道拡張事業の計画

昭和十二年当時、ときの東京市長の諮問機関として、水道水源調査委員会が設けられ、斯界の権威者と市の水道事業関係者により、調査が進められた。

このときも、広く関東地方全域にわたって水源を探し求めた。そして、三島湧水案、相模川案、荒川案、奥利根案、見沼貯水池案、渡良瀬遊水池案、飯沼貯水池案、手賀沼案、霞ヶ

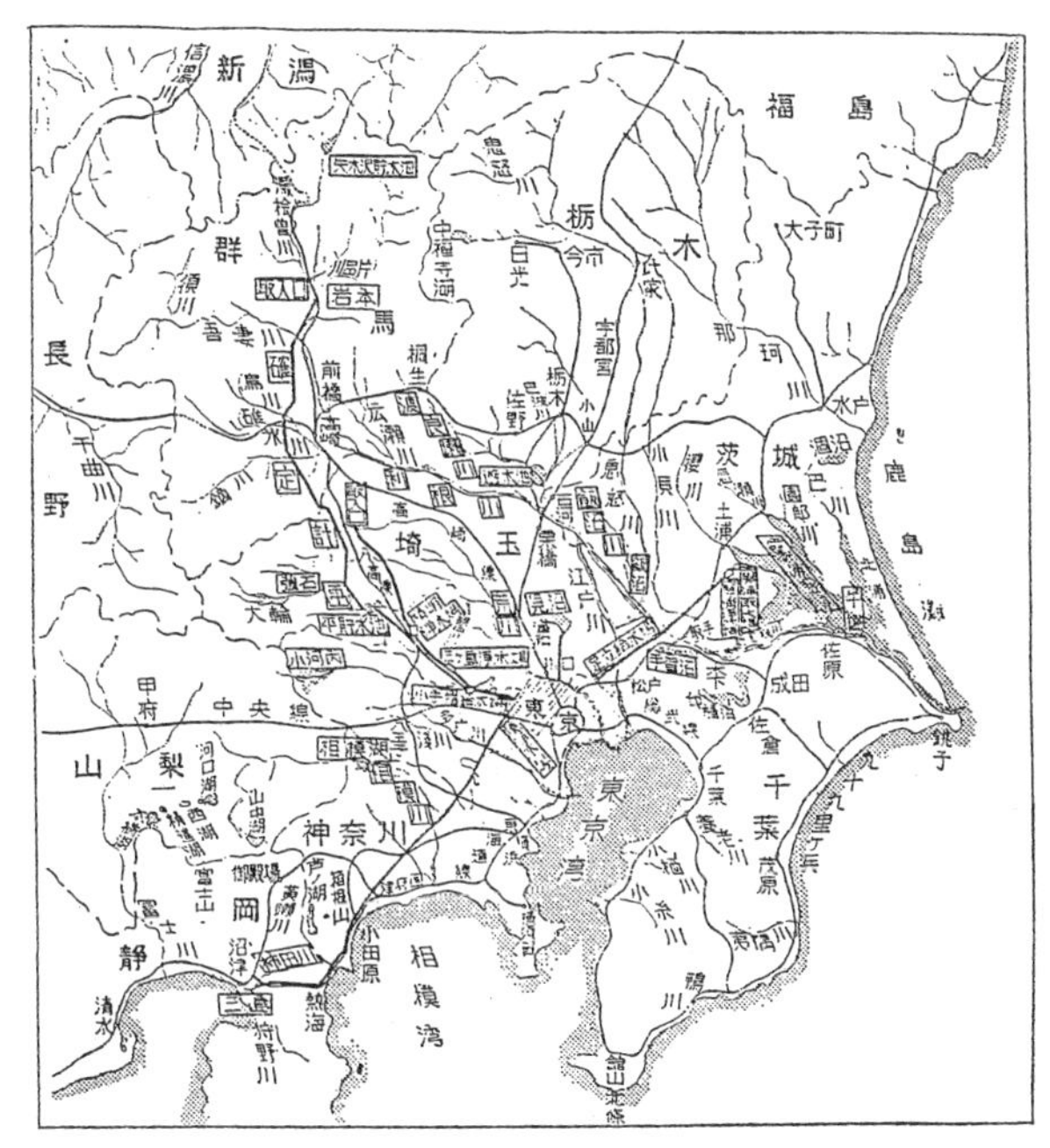


第三水道拡張水源一般図

浦案のなかから、水質・水量などの条件のよい奥利根案を採用することに決定された。これは東京水道の第三次の拡張事業として計画されたものである。

水道水源調査委員会の答申にもとづいて、昭和十六年の東京市会は、利根川から毎秒一二立方メートルの原水を取り入れる議決を行った。

この計画は、当時の群馬県の河水統制事業の一環である矢木沢ダムを水源として策定され、翌年には国に対して事業認可申請をしたが、戦争の激化により、群馬県の河水統制事業そのものが着手されなかったため、利根川水道計画は日の目を見ずに終わったのである。

以上のように、第二水道（多摩川系、小河内ダム築造）・応急拡張（江戸川系）・城南配水（相模川系）の各拡張事業は、戦争のため工事を一時中止し、第三水道（利根川系）も工事にかかれずにすべては戦後へと持ちこされたのであった。

## 戦時生活と水道

昭和十二年七月、北京郊外の盧溝橋で日中両軍が衝突、ここに日中戦争がはじまり、わが国は中国進攻の泥沼へとふみこんだ。戦争は長期戦の見とおしが濃くなり、戦時体制はいよいよ強化された。

このような時局下に、東京の水道は創設以来はじめて長期にわたる稀有の大渇水に直面した。昭和十五年、その前年の夏以来の大旱魃で多摩川は大渇水となり、このときの未曾有の給水混乱について記憶する人も少なくなった。市当局はあらゆる対策を講じたが、流量の涸渇はいよいよはなはだしくなってくるので、ついに一部（江戸川系と杉並系）を除く全地域に対して朝晩二時間ずつという時間給水を実施する破目にいたったのである。

すなわち、六月七日からは朝夕二回四時間ずつの時間給水、さらに六月十四日からはこれを強化し、全市を甲・乙の二地区に分け、甲地区は毎日午前午後各四時から六時まで一日二時間ずつ二回の給水、乙地区は毎日午前午後各六時から八時まで一日二時間ずつ二回の給水という非常措置を実施した。

当時の新聞は連日、「水不安遂に恐慌状態」などの深刻な見出しで、水道の水飢饉について報道した。

節水ポスター（昭和15年）

ついに警視庁衛生部では六月八日、未曾有の水不足に全署に「水の通牒」を発し、一般家庭では庭の打ち水、道路の撒水を禁止し、風呂も二、三回使用するようにして節水すること、しかも水飢饉のため衛生防疫上、不注意にならないよう警告を発したものであった。通牒の内容は、

節水

一、雨水を利用せよ

二、一度使用した水もすぐ捨てず便所その他に使用せよ

三、撒水は差控えるよう

四、家庭風呂は二、三回使え(衛生上からは却って宜し)

五、井戸水を使用せよ

衛生上の注意

一、井戸水は消毒して使用

二、手を消毒して調理するよう

三、水道栓は開放せぬよう、ゴム管の末端は下水、たらいにつけて置かぬこと

水道当局においても、制限給水が深刻になるにつれて、各浄水場では水質汚染を考慮して塩素注入を強化した。また水圧の低下により火災時のことも考えて、各所に常時係員を待機させた。火災発生の時に優先通行できる自動車を配備して、必要な地点に水圧を高める配水操作が敏速にできるように、消火配水に万全を期した。

その後降雨に恵まれて、この時間給水は七月七日に緩和してもとの制限給水に切りかえ、全市が平常の給水状態にかえったのは八月十五日であった。

翌昭和十六年十二月八日、ついに太平洋戦争へと発展するにつれて、都市の防衛体制は急

速に具体化し、防空演習も活発に行われてきた。

戦争の激化とともに、生活物資の窮乏はしだいに強まってきた。なかでも深刻なのは、生活にもっとも切実な主食の欠乏だった。

政府は、価格統制、配給統制を強化し、一方では食糧増産にできるだけの手を打ってみたが、たいした効果はあがらなかった。警察の取り締まりは強化されても、近県への食糧の買い出しはふえるばかりであった。

衣料をはじめ日用品もひどく欠乏してきた。わずかな品物を手に入れるため、町のいたるところに長蛇の列が見られた。

戦時中の住宅事情も、物資・労働力の不足でしだいにきびしいものになってきた。戦局が敗戦に転じるころには、疎開・戦災もふえてきて、極端な住宅難時代を迎えるようになった。

昭和十八年四月からは、住宅建築は一五坪を限度とし、その他の建物の場合には一坪であっても許可が必要となり、時局産業用以外の建築は許可しない方針がとられた。

それが十九年の末になると、空襲の激化で、民間の新規建築は絶無の状態となったのである。

## 水道の防衛対策

戦局が拡大して第二次世界大戦に発展すると、本土空襲の危険が予想されるようになってきた。軍事施設ばかりでなく、水道施設も、敵機の攻撃目標になることが十分考えられた。すでに昭和十六年十二月ごろから、水道施設が爆撃を受けたり、細菌弾や毒物投下された場合の防衛対策がとられた。まず被害発生したときの応急処置、応急復旧を迅速に行うこと。断水を生じた地域には必要に応じて急遽応急給水する。すべてこれらの防衛対策の工事は水道応急土木工作団を編成して実施に当たらせた。

しかし水道は元来が平和施設であって、防空的にはきわめて脆弱なので、まず水道施設の防護や補給が必要であった。

まず、貯水池の水面の偽装工作として、いかだを組んで迷彩をほどこした。浄水場の沈殿池・濾過池の水面にはよしずを張って偽装し水面を遮蔽した。

防潮堤や高架水槽などには迷彩塗装をほどこして偽装した。ポンプ室・塩素滅菌室・配水本管の密集する場所のような重要施設には、耐弾層や防護壁で補強する対策がとられた。

最も大規模に行われたのは、村山下と山口の両貯水池の防護工事であった。堰堤の上部に玉石・砂利・コンクリートで丈夫な耐弾層（延幅約五三メートル、厚さ最大二・二五メートル）を設置して、堰堤を防護したのである。

この防護工事を行うことになったのには、こんないきさつがあったといわれている。

昭和十八年五月、軍司令部に入った情報によると、英国空軍がドイツの二つのダムを空襲し、飛行場や鉄道を壊滅させたほか、三〇〇〇人以上もの溺死者をだしたということであった。そこで司令官より、東京の村山・山口両貯水池の防衛対策が水道当局に対して問われることになった。

水道の防空演習（昭和14年）

当時想定されたのは三〇〇キロ爆弾であった。ダム部分を厚さ一メートル程度の補強でコンクリート舗装をしておけば、空爆に耐えられると判断され、これには二〇万袋（一万トン）のセメントが必要だと答えた。陸軍の方では、いま手持ちはないが、なんとか心配するということであった。

しかしこの二〇万袋のセメントの特配はついに軍部から都合をつけてもらえなかった。

そこで玉石と砂利を高さ二メートルに積み上げ、これに一五センチのコンクリートの上塗りをして一時をしのいだ。しかしこれでは構造的に安心できるものではなかった。再三にわたってセメントの支給を要請したが無駄だった。

（甲號）

急告

生水を飲むな!!

水道に細菌彈投下の疑あり、都民各位は生水は絕對に飲食物に使用せず、充分煮沸したる後使用せらるべし、
尚水道水にサラシ粉に似たる臭味あるも、右は滅菌劑投入しあるが爲にして人體に無害なるのみならず、煮沸に依りて此の臭味は容易に消失すべきを以て誤解なきを要す。以上

東京都水道局

お知らせビラ（甲号）

（乙號）

急告

水道の水を飲むな!!

水道に毒物投下の疑あり、都民各位は當局より何分の指示ある迄、水道は絕對に飲食物に使用せず、井戶を利用せらるべし、
尚水道水にサラシ粉に似たる臭味あるも、右は滅菌劑投入しあるが爲にして人體に無害なるのみならず、煮沸によりて此の臭味は容易に消失すべきを以て誤解なきを要す。以上

東京都水道局

お知らせビラ（乙号）

この防衛工事はなんとしてでも遂行せよということになったので、やむを得ず建設中の小河内ダム用資材の、とっておきのセメント二〇万袋を全部はきだすことになった。この貯水池のかさ上げには、小河内の人員・資材を移動して、突貫工事で完成させた。おかげで小河内貯水池工事はとうとう進めることができなくなってしまった。

このほか、施設の増強策もとられた。配水管の連絡拡充、制水弁と消火栓の増設、隣接の千葉県営水道や川崎市水道との相互連絡、重要送水路の側線築造、防火水道の新設、配水池の増設、そのほか諸設備の強化を目的に膨大な計画が立てられたが、資材と労力が不足して、わずかに防火水道三ヵ所の設置を実施したのみでおわった。その防火水道も、当初の計画では重要工場地帯に二八ヵ所を新設するはずだったのが、実施した三ヵ所も、大森区（新井宿）の防

火水道は完成したが二十年四月十五日の大空襲で焼失してしまい、板橋区（小豆沢）と蒲田区（羽田）はついに完成しなかった。

ほかに、非常用としての飲料水や防火用水を確保するために、昭和十八年以来、都では隣組井戸を整備させる防空井整備要項を定めたが、資材・労力・輸送関係などで思うようにすすまなかった。

空襲その他の非常災害で水道水が細菌、または毒物によって汚染される心配も考えられた。こうした場合の処理方法も、あらかじめ都民に指導する措置が講じられた。

細菌による上水の汚染対策としては、⑴塩素滅菌を強化する、⑵水質を厳重に監視する、⑶汚染を通報する方法（平常は回覧板により、非常の際はビラを配布）、⑷汚染の事実のないときや解消したときの通報（ビラを配布）などであった。

毒物による上水の汚染対策としては、細菌の場合よりも人命に直ちにかかわるので、⑴発見通報の方法、簡易検水器そのほか検知班の活動、⑵上水が汚染されたときやその疑いのある時は直ちに水道の使用禁止を急報する（細菌の場合と同様に処理）などが行われた。

## 戦災による被害

はじめて水道施設が空爆による被害をうけたのは、昭和十七年四月、最初の東京爆撃で、荒川区尾久町の配水管が爆撃されたときである。昭和十九年十一月の昼間爆撃からは、ひん

① 敵弾落下などで、水道工作物に被害ができた場合も、電氣、瓦斯の場合と同様に、直ぐさま市の水道局または最寄りの水道局營業所および巡査派出所に知らせることが肝心。また組員はふだんからそれらの所在地や電話番號などをよく知つておいて萬一の場合あわてず機敏に適切な措置ができるやう訓練して置かねばならない。また空襲時には水道に頼らぬやう平素から井戸や貯水槽などできるだけ澤山設けて飲料水や防火用水の自給自足をはからねばならない。

② 防火用水は平素から溜水し、なるべく警報發令時には水道を出さないやうにするとともに、洗濯や撒水はもちろん、訓練などのときの貯水槽の水の補給などもなるべく井戸水、河水、池水などを使ふやうに心がける。水道などが危險な狀態にあるときは交通整理、交通遮斷などを行ひ、被害現場に見物人、野次馬などが集らないやうに嚴重に警戒する。また各種工作物が同時に被害があつた場合は電氣、瓦斯、水道、下水、道路などの順序で措置する。

③ 水道が斷水したときは、井戸水や河水を飲まねばならぬが、この場合、煮沸、濾過、消毒などを施し、井戸水の水質が悪い町會などでは、豫め水道局と連絡して置くとよい。上水道とともに下水管の被害があり汚水が氾濫したときは、特に衛生上の點を考慮して、迅速に下水渠、溝、河川などに流れこむやうに工作して、便所、床下などに浸入せぬやうに防止することが大切である。

④ 水道管が敵弾などのため被害があつたときは、なにはさておいても漏水防止につとめねばならない。家庭に引きこまれた鐵管や鉛管の折損したところは叩き潰したり、ボロ布を卷いたり、切れ口に止水木栓を打ち込んだりして漏水を防ぐことができる。また止水栓を閉ぢて漏水を止める方法もよい。止水栓は各戸の水道引込口にあるから家庭の誰でもふだんからその場所をよく知つて置かねばならないことである。なほ人孔の土砂が崩れて危いことがあるから注意する。

⑤ 引込管の破損は、應急的に漏水防止をやつたのち最寄りの水道局、營業所または水道工事人に早速修理方を依頼する。大きな水道管が破裂して、多量の水が噴出して、素人の力ではとうてい應急的漏水防止ができないときは危險個所の一部居住者を避難させるとともに、土嚢を築いたりあるひは應急防水施設を造つて、これを適當な溝や下水管に導いて、排水し、専門工作隊の到着を待つ。また低地の深い水溜など危いところは警戒する。

水道に関する注意（図解防空指導室昭和19年２月）

ぱんに本格的な爆撃をうけるようになり、導水路や浄水場、ポンプ所、配水管などが被害をうけた。しかし致命的なものではなかったのが不幸中の幸いであった。

戦局が激化するにともなって、社会経済情勢にも急激な変化をもたらした。それはまた水道の消費者層をも大きく変えるようになった。大口使用の出現である。

軍需産業や生産力拡充方面、そのほか一般商工業の勃興、それにまた水洗便所の普及などによって、飲料用ではなく、いわゆる雑用水の需要が増加してきた。その消費水量はむしろ一般の生活用水量を大きく上廻る大口使用という形がはっきり現れるようになった。

さらに太平洋戦争が激化してくると、都市防衛・防火第一主義の上から、水道も新しい任務と性格をもつようになり、水道水は重要な戦時資源とされた。

そこで、戦時非常給水体制による消費規正の問題が前面に押し出され、水道の料金制度も戦時態勢にきりかえられたのである。

太平洋戦争の末期、昭和二十年の一、二月ごろから、東京の空襲ははげしくなり、都内から地方への疎開がめだって多くなった。戦災の規模はいちだんとひろがり、かなり広範囲に焼失地域がみられた。

焼け出された人びとの中には、都内で焼けのこった親戚や知人をたよって住む者も多かったが、土地に愛着のある者は焼け跡にのこって、燃えくすぶった材木やトタンでつくった小屋がけの生活をつづける者もいた。

長期戦にそなえて都の防衛局では、「東京都壕舎」という地下壕舎の建設をすすめることになり、昭和二十年五月から全部の町会に一ヵ所ずつ見本に設置した。希望者には古材などの斡旋も行うことになった。

この壕舎建設というのは、防空壕そのものが住居となるものだったから、湿気や雨露などで疾病になるおそれや、伝染病発生などの心配もあって、あまり積極的な推進はなかったものといわれている。

それでも都内に残留する希望者は多かったので、政府は昭和二十年六月に「緊急住宅対策要綱」を決定した。この内容は、戦時住区と戦時住宅に分かれ、東京をはじめ主要都市の一部を戦時住区に指定して、そこに特別規格の戦時住宅をつくるという構想であった。

戦時住区というのは、都市のなかで官公庁や工場など重要施設や交通機関などに近い区域で、水道や電灯の復旧が容易なところがえらばれた。戦災をうけることは覚悟の上の地域指定で、つくられる戦時住宅も次のようにごく簡素な形のものであった。

甲型（五坪）六畳、一間の押し入れ、土間、板の間
乙型（四坪）四畳半、三尺の押し入れ、土間、板の間
丙型（三坪）三畳、三尺の押し入れ、土間、板の間

いずれも半地下壕式であった。地上式とする場合には一〇〇坪以上の敷地が必要で、そのうちの五〇坪は家庭農園とするという計画のものだった。

さらに国庫補助によって、戦時住宅八戸に一つの共同炊事場、洗濯場を、四戸に一つの共同便所のほか総合配給所、食堂、共同浴場、医療施設、共同防空壕を設ける計画だった。ところがこの計画は六月にだされたので、八月十五日の終戦までには一つも作られたものはなく、「幻の壕舎づくり」に終わってしまった（『都政十年史』昭和二十九年三月、東京都）。

永井荷風の『罹災日録』（昭和廿年日記抄）から、水道と戦時生活との関連をにおわせる箇所を二、三引いてみよう。

一月廿七日。陰。後に晴。午後一時頃空襲あり。爆音砲声轟然たり。戸外に出るに銀座辺かと思はるゝ東北の方に当り黒煙濛々として昇るを見る。三時頃警報解除となりたれば三谷町の銭湯に行く。（中略）夕刻二階の水道凍結のため蛇口破裂す。数日来華氏三十七八度の寒さなり。

二月初三。晴天。風歇まず。（中略）浴客のはなしに去廿七日午後銀座罹災の時水道破壊し地下鉄道洪水となり乗客の溺死せしもの三四百人に及びしと云。

三月九日。天気快晴。夜半空襲あり。翌暁四時に至りわが偏奇館焼亡す。（中略）予は枕頭の窓火光を受けてあかるくなり、隣人の叫ぶ声唯ならぬに驚き日誌及草稿を入れたる手革包を提げて庭に出でたり。（中略）火粉は烈風に舞ひ粉々として庭上に落つ。予は四方を顧望し到底禍を免るゝこと能はざるべきを思ひ、早くも立迷ふ烟の中を表通に走出で、……（中略）……消防夫路傍の防火用水道口を開きしが水切にて水出でず。火は表通り曲角まで燃えひろがり人家なきため、こゝにて鎮まりし時は空既に明く夜は明け放れたり。

三月十日。……（前略）……昨夜猛火は殆東京全市を灰になしたり。北は千住より南は芝田町に及べり。浅草観音堂、五層塔、吉原遊廓焼亡、芝増上寺及び霊廟も烏有に帰す。明治座に避難せしもの悉く焼死す。本所深川の町々、亀戸天神、向島一帯、玉の井の色里凡て烏有となれりと云。（後略）

内田百間の『東京焼尽』にも、この時のことが生々しく語られているので、煩をいとわず引いてみることにする。

三月十一日日曜日二十六夜。……（前略）……昨暁の空襲の被害は、その後聞く程甚だしい様にて、浅草や本所特に深川の方面は焼野原になつた計りでなく、死人が非常に多かつた由にて、大正十二年の大地震の時よりは遥かにひどいと云ふ話である。道ばたに屍骸がごろごろ転がつて、川にも一ぱいに浮かんでゐると云ふのは、当時その光景を自分で見てゐるから、話を聞いただけで古い記憶を彷彿させる。地震はその時だけですんだが、空襲はこれからまだ何度繰り返されるか解らない。

四月三十日月曜日十八夜。……（前略）……いつかの空襲以来ずつと瓦斯が出ないので、（中略）瓦斯だけでなく、水道も長い間出たり出なかつたりしたが、水道はこの何日か

　大体調子よくなつてゐるけれど、瓦斯は元で止めた儘で決して出ないから大変な苦労である。（後略）

ここいらで再び荷風の『罹災日録』に立ちかえってみよう。

五月初一。晴。午前中水道涸渇す。去月十五日大空襲ありてよりガスなくなり、毎日炊事をなすに取壊し家屋の木屑を拾集めて燃すなり。戦敗国の生活、水なく火なく、悲惨の極みに達したりと謂ふべし。

五月十五日。くもりて風冷なり。洗濯物を受取らむとて市兵衛町の洗濯屋に行く。水道時々断水のため今以て仕事ができませんと言ふ。（後略）

内田百閒の『東京焼尽』の中にも、このころの水道と生活の模様をうかがいみることができる。

五月七日月曜日二十五夜。朝から一日ぢゆう上天気なり。少し寒し。早く身支度がすみ、今日はおひる前に出かけられるかと思つてゐたが、三回の警報にて結局家を出たのは午後一時一寸前であつた。（中略）それから出社す。（中略）……お弁当もこの頃はおかずがないから、お結びに初めの内は心に鰹節を入れ又は味噌を醬油に浸したのを入れたりしたがそれも無くなつたので、その後はただの塩むすびである。熱いお茶で食べるのだつたらもつとうまいだらうと思ふばかりである。今日もそのつもりにて部屋の隣りの湯飲場へ水を汲みに行つて見ると、飲み水の栓は開け放しにて一滴も出てゐない。家でも水道は数日来午前十時から午下十二時半迄しか出ない事になつてゐるから、丸ノ内でも時間はどうなつてゐるか知らないけれど大体出ない事に変りはないのであらう。到頭水も飲めなくなつたわけで国民生活の崩壊誠に目ざましき許りである。（後略）……

ところが、執拗な爆撃で導水路や浄水場など主要施設は被害をうけたが致命的なものではなかった、と冒頭に記したが、末端の給水栓は実に大きな被害をうけた。焼失五五万五八〇〇栓、それに建物疎開で撤去したもの九万三四〇三栓と合わせると、六四万九二〇三栓となり、当時全体の栓数は約九四万栓だったから、そのうちの約七〇％が給水不能となったのである。

このため、浄水場から最大能力で水を送っても、給水栓などからの漏水で、また時には噴水していたほど多量の水漏れ箇所などもあって、必要とする地域まで水はとどかず、あちこちで断減水地域が続出した。まさにザル給水の状態であった。

さらに、こうした戦災に追い打ちをかけるように、昭和二十年五月には多摩川の異常渇水により時間給水が実施されている。午前六時から八時、午後五時から七時まで給水を行うが、それ以外の給水は中止したのである。

終戦の少し前に寄せられた『水の出ない水道』という投書（二十年七月二十九日朝日新聞鉄筆欄）には、「……今の寓居近辺は一日二回の給水制であって、夜分はほとんど断水の状態である。転居以来十数日、毎晩のように警報が発令されているが、その際水道の栓の用をなしていたことは僅かに二回ほどで、水なくしての防火活動は思うだにゾッとする……」とあったが、『時間制に捉われず非常の場合は給水』（二十年四月二十七日朝日新聞）として、

**問**　給水中止時間中に空襲があったり火災が発生したら困ることがあると思うが。

**答**　非常の場合は例外で、もと通りな給水を行うし、水圧も減じない。

と、すでに当局はこう言明していたはずなのだが。

三月十日に空襲をうけた日本橋・神田・下谷・浅草・本所・深川等の給水区域は、相当の範囲が焼け跡となり給水不必要となっていたが、漏水箇所が非常に多かったため、浄水場から送る全体の配水量は罹災前とあまり変わりがないほどだった。

こうした焼け跡の鉛管漏水を止めようにも、人手も材料もなく、まともな修理はできなかったが、急施を要するので水道局員を総動員したほかに、軍隊・警察署員・消防署員・学徒等にも応援を求めて、漏水している鉛管はのこらず叩きつぶして漏水を止めてまわった。

これには延べ七万人にのぼる多数の人々が作業に加わったが、期待したほどの効果はあげられなかった。

その理由は、罹災者が防空壕に埋めておいた家財道具の掘り出しや見廻り等で、焼け跡へぞくぞくと戻ってきて、飲料水を得るために、せっかく叩きつぶした鉛管に釘で穴をあけた

り、鉈などで切断したりしたため、またもとの漏水状態にしてしまったからである。

水道当局では適当な箇所に臨時給水栓を設置して、罹災民に飲料水を供給したのだが、依然として勝手に鉛管に手をつけたりされるので、この跡始末にはほとほと手を焼いてしまった。

## 二　終戦直後の水道

昭和二十年八月十五日、日本の無条件降伏によって、ようやく戦争は終結した。

連合国軍総司令部（ＧＨＱ）は、占領下の日本に対して、戦時の社会経済政策を廃止して新たに平和時代の体制に建て直すため、公職追放、財閥解体、農地改革、労働基準法および労働組合法の制定など、日本の社会組織の民主化と日本経済再建のための重大な大変革をもたらす指令をつぎつぎと発した。

それらは急テンポで行われ、敗戦の衝撃で虚脱状態におちいっていた国民をとまどわせた。なぜなら終戦時以来、あらゆる産業は壊滅状態だったし、立ち上がる方途もないまま経済界は混乱をきたしており、食糧・物資の欠乏によって悪性インフレはいっそう拍車をかけられ、日本の経済は急速に破局的な様相を呈していたときであったから。

巷には住む家もなく飢えた人びとがあふれていた。ヤミ物資が驚くほどの高値で青空市場に姿を見せ、物々交換もされた。

住宅事情もまた、戦時中に引きつづき極めて劣悪だった。戦災によって都内の家屋は約七七万戸が滅失し、罹災者約三〇〇万人に及んでおり、膨大な住宅不足で、都の復興の行く手には大きくなくらいかげが立ちふさがっていた。

戦災者たちは焼け野原に焼け残りの材木や焼けトタンで小屋がけしてとにかく夏をすごしてきたが、敗戦の年の冬をどう越したらいいか、その対策が焦眉の問題となっていた。

援護局の調べによると、二十年九月一日現在に壕舎や仮小屋に住んでいる都内の罹災者は約九万三〇〇〇世帯、三一万人。同じく二十年九月に厚生省社会局の調査では、都内に越冬不能といわれた壕舎一万八〇〇〇戸、越冬可能六三〇九戸、修繕により越冬可能となるもの三万一八五七戸となっていた。

しかし応急住宅の建設はなかなか進まなかった。都では二十年につくれたのは、わずかにバラックの応急簡易住宅を約一〇〇〇戸、焼けビルなどの転用住宅約九〇〇〇戸にすぎなかった。

終戦の混乱のうちに年が明け、敗戦というものの悲惨がいかにも身にしみて感じられた。やがて外地からは引き揚げ者がどんどん帰還してくるし、職を求めて都会へ流れでた戦災者たちの中には地下道暮らしの浮浪民と化す者もでて、戦後の悲惨な生活をくりひろげたのである。

## 戦災被害復旧と給水不良対策

戦災による水道施設の被害のうち、導水路（八件）、浄水場関係（五件）、配水管（三八一件、延長三〇五〇メートル）などは致命的なものではなく、そのつど速やかな復旧対策がと

神田上空より見た隅田河畔の焼け跡（昭和20年3月10日）

られて配水上の支障はほとんどみられなかった。しかし給水栓の焼失による被害はすこぶる甚大で、断減水の大きな原因となった。

給水栓は戦災前には九四万一五栓あったのが、戦災で五五万五八〇〇栓を焼失し、ほかに建物疎開による撤去九万三四〇三栓を合わせると、約七〇％が失われたことになる。

給水栓の焼損は、漏水を随所にひきおこし、大小の噴水を出現させた。漏水量は一時は配水量の八〇％にものぼるものと推定された。

終戦直後は人口で六一％も激減しているのに配水量ではほとんど減少を示していないばかりか、いくら浄水場から最大能力で送水しても、都民の手もとまで届かないうちにむだに流されてしまうことになり、給水不良地区すなわち断減水の区域は全都にわたり、ことに高台や管末地区ではなはだしかった。水不足になやむ都民は、やむを得ず消火栓をたよりに集まってくるというありさまで、都の水道は終戦直後は「ザル給水」とまでいわれた惨憺たる状態であった。

そこで戦災をうけた箇所に対しては復旧作業を急ぎ、そしてなによりも重点的に漏水の防止につとめて、給水不良地区を速やかに解消するための作業に全力をあげなければならなかった。

焼損給水栓の漏水防止は、戦時中から応急手段として鉛管の叩きつぶしという方法で急場をしのいできたことは、「戦時下の水道」のところで述べた。しかしこのままでは、時がたつにつれて水圧の上昇なども原因して、たたいた口がふたたび開いて水漏れがひどくなるので、こんどはより確実な方法として止水栓を閉止する作業をはじめた。

しかし焼け跡の残骸にうずもれた場所から止水栓を探し出すのは予想以上に困難だったので、やむを得ないものは従来どおり鉛管叩きつぶしを行って、二十年十月末までにはひととおり焼失区域全部に対して作業を完了した。翌二十一年の二月からは、漏水防止事務所を七ヵ所新設して、水道局の総力をあげて地上漏水防止に当たった。

これは六ヵ月で完了したが、なお漏水は五六％と推定された。まだ戦災漏水が完全に防止されていなかったことは勿論だが、戦争中、修理工事などの維持作業が不十分だったことや、種々の原因が重なって漏水箇所が累積したことにもよるものであった。

この年の夏、ちょうど終戦の翌年になるが、土用に入って水の需要がふえたとたんに、また断水騒ぎがはじまった。都内では全く水が出ない家だけでも一万戸を超えたという。漏水と水不足にいためつけられ、終戦後にわかに機能不全になってしまった東京の水道ということで、新聞（昭和二十一年七月二十二日、朝日）は次のように報じた。

当局ではまず地上漏水をとめ、一日七百名の工作隊が出動、終夜作業まで続けて地下漏水の防止に全力をあげてきた。

その結果、この六月まで約七割の工事を完成して断水騒ぎも一時解消したが、七月に入って暑さがつづいたため、都民の使う水量は漏水防止で浮かした水量をはるかに超え、水圧は再びグングンさがってまた断水箇所がふえた。

この対策としては、漏水防止の完成を急ぐことと、そのほか、水道設備が悪いところへ急に人口がふえたために給水不良になっている地域には、鉄管連絡工事を急いで進める。すでに大森・蒲田・世田谷の一部では工事を終えており、江戸川方面の工事に手をつけている。また、旧市内の高台のような水の出の悪いところには、増圧ポンプをすえつける設計を急いでいることを報じている。

さらに、都民に対しては次のような節水の協力を依頼することでこの報道を結んでいる。

低地などで水の豊富なところでは共同栓の出し放しが多いが、水に悩む人々のことを思って使用後は必ず閉栓してもらいたい。また焼跡などメートル器のこわれたところではやたらに無駄使いしているようだが、道義心に訴えて節水してほしい。

二十一年九月からは、焼失・焼け残りを問わず全地域を五工区に分けて、本格的な漏水防止（地下漏水の防止）にのりだした。しかし人手が不足し、計画の工期に無理があり、漏水防止の効果を急いだため、結局は従来の地上漏水防止を主とする方向に進み、徹底した作業が行われなかったが、二十四年三月には漏水率を三〇％ぐらいまでに低下させることができた。これで戦災による漏水の防止は一応完了した。

二十四年度以後は、漏水率の目標を二〇％とし、全区に対し四ヵ年循環作業として徹底した漏水防止を施工した。

漏水防止がすすみ、各浄水場の整備改良工事もはかどり配水量が増加してくると、配水調整の効果もあらわれて、年々水圧は上昇し均等されてきて、だんだんと全般的に給水状況は好転していった。

## 進駐軍の指令による塩素滅菌の強化

戦後、水道施設の管理は占領軍としてわが国に進駐したアメリカ軍の指揮下に行われることになった。まず、衛生面を重視して、東京・横浜・川崎等の京浜地区諸都市の水道施設の実態を調べたところ、漏水がひどいことがわかり、これらの都市水道の塩素滅菌注入率を強化することを、昭和二十一年七月、日本政府に覚書を送った。同年八月には東京都に対しても、各浄水場の塩素滅菌については注入率二ｐｐｍ、管末端での残留塩素〇・四ｐｐｍとすることを指令した。

この指令は野戦給水基準であるとのことで、当時アメリカ陸軍第八軍司令部技術本部の水道管理課長ヒンマン中佐によって、直接東京都や横浜市水道局などに申し渡された。

塩素注入量を淀橋浄水場で二ｐｐｍに強化するということは、従来の注入量〇・二〜〇・三ｐｐｍからみると一〇倍にもなる驚くべき量であった。戦前は塩素消毒は特定の期間だけ、しかも注入率も低く、管末端での測定も一般には行われなかったので、この要請の急速な実施は、容易なことではなかった。

しかし都水道局では二十一年八月中には態勢をととのえて、指令どおり常時塩素滅菌をすることと、管末端での残留塩素の測定が一般的に行われるようになった。

元東京都水道局長岩崎瑩吉氏（当時、給水課長）は、終戦直後から多くの水道関係の進駐軍と接触して、米国がいかに「水」の問題を重視していたかを知った。このとき、日本人と日本の水道とに深い理解をもち、戦後のわが国水道の指導者として幾多の功績を残されたヒンマン大佐（当時は中佐）を知るのである。その出会いについては、次のような回顧文を『水道協会雑誌』（第二五〇号、巻頭言、昭和三十年八月号）にのこしている。

……（終戦の年昭和二十年の）九月十一日である。当時本郷の元町小学校に疎開していた東京都水道局のわたくしの部屋に、三名の米軍将校が訪ねてきた。何れも水道技術者であるが、その内の一人は、六十才に近い、そして肥満な体格の持主であった。温厚な人柄といい、質問の内容といい、これは相当な水道人であると直感した。後でわかったのであるが、米国水道協会の会長であったアイオワ大学のヒンマン教授であった。

ヒンマン大佐は、日本には日本特有の行き方がある、という一貫した考え方をもっていた。だから、なんでもかんでもアメリカ化する当時の傾向には、彼はつよい反感をもっていた。また、自国の水道設備が、あまりに機械化されてゆくことにも、相当批判的だった人であった。

戦後四年の間、日本の水道が、ヒンマン中佐によって主として指導されたことは、わたくしは幸福であったと考えている。戦前の日本の水道と大きく変った点が、二つあるようである。一つは、何と言っても塩素殺菌の重視である。次は、水道技術者の重用である。

としており、まず、塩素殺菌の重視については次のように述べている。

戦前のわが国では、緩速ろ過の浄水場では、塩素殺菌をしないことが、むしろ常態であった。第八軍の指令として、ろ過水に対する液体塩素の注入量二ｐｐｍ、管末端の残留塩素〇・四ｐｐｍ以上の注文は、その急速な実施が実は容易でなかった。しかし、この強行が敗戦都市の流行病を減少させた功績は何といっても大きい。

そして次の、水道技術者の重用については、これまでわが国の水道界では水質専門家が重用されていなかったことを指摘されたもので、ヒンマン大佐は公務の余暇に、関東地区の浄水関係者を集めて相当期間講習会を開くなど、この方面の技術者養成に力をつくされた。これが発端となって、近年、定期的に各地で開かれる水道衛生研究会が活発に活動されている。

建設や改良の終った浄水場の、純然たる運営は、たしかに水質専門家に委ねる分野の大きいことは確実である。

と水質管理体制を充実することの必要を力説されている。

## 渇水対策と水害復旧

戦後の混乱で、水道施設の復旧整備はおくれ、給水状況もきわめて不良な時期が数年つづいた。水道当局ではこの対策と復旧作業に追われていた途上に、たび重なる悪条件が山積していた。

まず、昭和二十二年には多摩川の異常渇水のため時間給水を実施、さらに翌二十三年も多摩川は稀有の渇水となり再び時間給水に入った。そしてこうした渇水とは逆に、これと前後していくつもの大きな台風に見舞われた。

昭和二十二年はキャスリーン、二十三年アイオン、二十四年のキティと、やつぎばやに台風が襲来し、水道施設はそのつどはなはだしい損傷をうけ、断減水状態を起こしていた。

まず、深刻な渇水という事態に遭遇した多摩川であるが、昭和二十二年二月ごろから渇水がひどくなり、河川流量はずっと平年を下廻り、ついに流量は涸渇してきた。そこで断水区域の解消と戦災被害に対処し、貯水量確保の目的で、五月一日から六月三日まで境・淀橋系統の給水区域に対して時間給水が実施された。

昨冬は多摩川の渇水から、東京もついに時間給水を行った。この時一部の都民から「赤い水が出た」という非難と「白い水が出た」という苦情を受けた。（中略）東京の水道管は、道路下の分だけでも延長五千余キロ、これを直線に南に引けば、赤道を越えてオーストラリアに達する。常時この中をゆるやかに流れている水も、時間給水となると、場所によっては激しく逆流したり、あるいは急に停止したりする。

赤い水は、鉄管内部についていた赤サビが、激しい水勢のために水中に浮んだためであり、白い水は鉄管の中に入った空気が、水にふりかき回わされて無数のアワとなり水中に含まれたゝめである。

水栓から出た赤い水も白い水も、静かに放置しておけば、赤サビは容器の底に沈みアワは大気の中に逃げて、やがては水本然の姿である無色透明にかえる。

（岩崎瑩吉『水道の水』昭和二十三年六月七日付朝日新聞）


その後、七月に入ってからも多摩川流量は好転せず、八月にはさらにひどくなった。例年なら夏場には夕立という恵みの豪雨に見舞われることがあるのに、いっこうにそれらしいこともなく、その結果、村山・山口両貯水池はぐんぐん減少してきた。何回か時間給水の準備態勢にまで入ったが、八月二十七日の雷雨で、かろうじて時間給水の危機を脱した。

ところが皮肉にも、それから半月ほどしかたたないのに、九月にはキャスリーン台風が襲来して多摩川は記録的な大増水となり、多くの被害をもたらしたのである。

昭和二十二年九月十四、十五の両日、キャスリーン台風のもたらした豪雨は、水源地帯で五〇〇ミリに達し、多摩川は明治四十年来の増水となった。また荒川や江戸川も大増水で、このため水道の取入口や浄水設備等に被害が続出した。とくに被害の大きかったのは金町浄水場であった。被害と復旧状況について順を追ってみてみよう。

九月十九日午前二時、利根川の堤防（桜堤）が決壊して南下した濁流は、午前八時、ついに金町浄水場を襲った。防水作業も効なく、浄水池とポンプ室内に濁流が浸入し、午後九時二十五分、ついに浄水場の全機能を停止させるに至った。こうしたことは水道としてはいまだかつてない大事故であった。

　この復旧には、二十二日に場内排水ポンプの運転を開始し、浄水池の清掃や消毒、吊り揚げ電動機の据え付け、配水本管の充水などに着手し、二十八日午後二時から配水ポンプの運転を開始した。しかし完全に給水能力が復旧したのは翌二十三年三月であった。

　当時、金町浄水場の配水量は一日二八万から二九万立方メートルであったのに、この配水が停まってしまったのだから、広範囲な断水区域が生じたのである。

　断水地区に対しては、応急給水車により九月十六日から十二月二十四日まで、延べ出動数二五五四台の陸上給水を行った。ほかに船舶（竹芝丸）と給水船・小船で九月十六日から十月十八日まで延べ出動数一三隻の水上給水も行った。なお浸水地区内の要所に手動濾水機を配置した。当時の新聞は、浸水地では「飲料水一升五〇円」で新商売が始まったなどと書きたてた。金町浄水場が復活するまでの約一〇日間に応急給水は集中的に行われた。この期間に出動した給水車台数は延べ一三〇〇台、一日五〇台から二五〇台、延べ三八〇〇人（一日に一五〇人から六三〇人）が動員され、まったく空前絶後の応急給水となった。

　非浸水区域（荒川・墨田・江東・台東の各区）には境・淀橋浄水場の系統から切り替え給水を行い、江戸川区の一部には隣接の千葉県営水道から補給をうけて給水した。

　この水害で最も甚大な工作物被害をうけたのは、中川に架せられた水道専用橋であった。この橋には一二〇〇ミリと四二インチの二本の送水本管が添架してあって、金町浄水場系統

節水宣伝ポスター（昭和22年８月）

の大動脈であった。これが栗橋付近の利根川堤防決壊による中川の水勢に押されて、橋脚が洗掘、沈下傾斜したのである。添架してあった鉄管は破損、彎曲（わんきょく）して用をなさなくなり、長期間にわたって送水不能におちいった。二十二年十月復旧にかかり、極力工事を急いだが、復旧したのは翌二十三年三月になった。

　だが一体どうしたということなのだろう。キャスリーン台風の傷跡もまだ癒えず、その復旧工事も仕上がらないでいる昭和二十二年末から二十三年春にかけて、またも多摩川は深刻な渇水となり、二月にはついに村山・山口両貯水池は干上がってしまい、給水に支障をきたす情勢となったので、三月十一日から二十七日までの間、境・淀橋浄水場系統の給水区域は時間給水を断行される破目となった。しかしそれから以後は制限給水を緩和して、四月に入ってから平常の給水に復している。

雨は多かったり少なかったり交互になにかしら大きな被害をともなってやってきた。昭和二十三年は至って雨は多かった。六月中旬の梅雨期の大降雨をはじめとして、七月中も十三、十六、二十三日の豪雨、八月十三日から十五日にわたるユニス台風、九月十六日のアイオン台風など、前後六回にわたって水害におびやかされた。

とくに水源地や水道の取入口、浄水設備等に被害をもたらしたのは九月十六日のアイオン台風で、この台風による豪雨で各浄水場は電圧低下のため給水量が三、四割も減少した。ことに玉川浄水場系統の調布取水所の取水ポンプ事故や、砧下浄水場の濁水による操作能力低下のため、城南地区に断減水区域ができた。十七日より時間給水となり、大田区・品川区の大部分、目黒区・世田谷区の一部に応急給水車が出動した。

昭和二十四年も、六月のデラ台風をはじめ、やつぎ早に台風が本土に来襲した。なかでも八月三十一日から九月一日にかけて関東地方に上陸したキティ台風は、大きな災害をもたらした。

最大風速二六・一メートル、瞬間最大風速三一メートルをこえ、折悪しく東京湾の満潮時とかさなったため、沿岸一帯は大正六年以来三十余年ぶりの異常高潮がおこって、あちこちの堤防が決壊した。ことに江東地区は地盤が沈下しているため、あふれ出た水は低地帯にたまって地上三メートルの水深に達したところもあった。しかも排水場の動力送電線が切断されていたので排水作業ができず、損害をいっそう大きくした。

このときは水道よりもむしろ江東地区の下水道（主に砂町下水処理場など）に大きな被害がでた。水道の被害としては水源地をはじめ浄水場、ポンプ場などに見られた。ことに停電によりポンプ運転の中断や、原水の濁度が増大して配水量が減退し、所々に断水地区を生じた。九月一日早朝から断水地区や浸水のための避難者に対して、給水車と船舶が出動して応急給水が行われた。

## 戦後の水道復興計画と拡張事業の再開

終戦直後、東京都区部は戦災により手痛い打撃をうけて人口も極度に減少し、戦前の六八六万人に対し、わずかに二七〇万人に激減した。

この時点で、将来どれほどの水量が必要となってくるのか、遠いさきの予測は極めて困難であるが、まず都の区部の将来人口の想定を水道当局では昭和二十二年当時行っている。

このときはなるべく想定の適正を期するために、直近の人口増加の実績にもとづいて、いちおう昭和三十年の区部人口を五四〇万人と推定し、これにもとづき昭和二十二年三月に「東京都復興に伴う上水道計画　拡張事業を中心として」が策定され、二十三年一月に公表された。

昭和二十四年に入ってから、二十三年度末までの人口増加の実績資料をもとにして再検討を加えた結果、昭和三十年の都内区部人口を六二六万人と推定し、これにより所要水量を計算して、戦争で中止していた拡張事業は再開にふみきられた。すなわち、第二水道・応急拡張は昭和二十三年度から、相模川系は二十五年度から、いずれも工事再開となったのである。

ところで当時の都の将来構想として、衛星都市を発展させ、人口の過度集中を避ける措置を講ずることによって、都の区部人口を三五〇万人位に抑制したい考えであったから、水道の拡張事業については積極的な協力が得られなかった。また民間の有識者の中からも、

東京都の人口は戦前の約七〇〇万人に対して、現在は半分に近い四〇〇万人程度である。その七〇〇万人の場合にとにかく間に合っていた水道設備がそのまま残っているのだから、それで今後当分の間は間に合うはずである。都市計画では今後こんな人口七〇〇万人というような過大都市をつくらぬというではないか。しかるに何ぞや。小河内貯水池のごとき大拡張工事を、現在のような資金、資材のくるしい時期にやるべきものではない。

（一都民の建設院総裁あての昭和二十三年五月十五日付陳情より）

などというように、小河内貯水池工事は再開すべからず、というような意見やこれに類する批判などもたくさん出されて、工事の再開に当たってふたたび小河内計画の反対論が再燃したのである。

当局からはこれらに対して一々数字をあげて、

七〇〇万人当時、水道設備が間に合っていたからというが、決してそうでない。ある一年だけとっても、その年がたまたま多摩川の流量が順調であったから、相当量の給水ができたのであって、例年こうなのではない。またその年でも決して給水が間に合っていたわけではない。現に給水不良で各所に断減水現象が起っていた。だから現状のままでは今後も当分の間、間に合うという根拠にはならない。

というような当局見解が発表されて、ＰＲされたものであった。

かくして都の水道拡張は、昭和三十年をいちおうの目標として事業が再開されたが、工事の進捗は財政上の理由から大幅に遅れた。また一方では、人口の増加率は異常に激しく、当時の推定をはるかに上廻って三十四年五月の区部人口は七七〇万人を超えてしまった。これでは終戦直後の都市計画上の希望的観測はまったく破れ去ったわけである。しかもなお増加の一途をたどっており、たとえこれまでの計画が完成しても、給水量の不足は解決される見込みが立たなくなっていた。

そこで昭和三十五年には、さらに昭和五十年を目標として、区部人口を八八八万人と想定した新しい拡張計画が立てられた。これによる大量の不足水量の水源については、すでに戦前戦後にわたって各般の調査と各方面との折衝がかさねられており、主要水源として利根川をあてることとなり、利根川系拡張事業が計画されたのである。

# V 戦後の都市生活と水道

## 一　都市の復興と給水需要の増大

大戦によりおおきな被害をうけて荒廃した戦災都市東京。戦後の復興には、平和国家の首都にふさわしい都市づくりをするために、多くの努力が払われた。とくに財政の窮乏など戦後のさまざまな悪条件のもとで、都市施設の戦災復興に努力がそそがれた結果、いちじるしく復興は進展した。

このころ英国人記者の見た『再建東京』という一文の中から、外国人の眼に映じた東京の姿をまずみてみよう。

七年前、八十五平方マイル、つまり東京の約半分にわたる地域の住民が、米軍の爆撃で灰になった。しかし、今日の東京はインフレや米と石油の割当制、政治不安はあっても、再び建設され繁栄している。大規模な戦災から立直ったのは、日本人の活力と勤勉さの賜物だ。日本人は今も昔のまゝ、世界で一番よく働く市民である。六ヵ年の米軍の占領と朝鮮戦乱、特需景気が日本、とりわけ東京の経済を刺激した。家々はあとからあとから至るところに建っていくが、需要はみたされない。都心には一大ビル街が完成、もしくは完成しかゝっている。（中略）

このように東京は繁華だが、むろん暗い面もある。戦後東京の一番悲しいことは、被災地域に無方針の建築を許したので、都市計画の好機を取逃がしたことだ。広い公道をつくり、公園をあしらった清潔な郊外をつくらず、金持に好き勝手の建築を許してしまったのだ。だから、郊外は戦前と同じようにゴミゴミし、適当な休息地がない。（中略）

このように東京の繁栄ぶりはややもろい面がある。そしてますます西欧の首都に似てくる。都民たちの動きはロンドンやパリとほゞ同程度に早く、確かに東洋の他の都会より早い。

（ロンドン・タイムス東京支局長エリック・ブリッター、昭和二十七年七月二十一日付朝日）

戦後、都の人口は膨張に膨張をかさねた。人口の過度集中によるマンモス都市東京の水需要も急上昇した。

人口の増加は復興の度合いを示す一つの指標ともみられるので、その足どりを振り返ってみよう。

都の人口は、戦前も増加の一途をたどっていたが、昭和十七年の七八三万人を頂点として、戦争がはげしくなるにつれて、人員疎開・罹災などで地方への転出者が増加したため、十九年以後は急激に減少していった。

終戦後の二十年十一月の人口は三四八万人。戦前の頂点となった時の人口より四三五万人（五六％）も減って半分以下になってしまった。

しかしその後、引き揚げ者・復員者・転出者などがどんどん復帰してきた。農村人口の都市移入もはじまった。首都への人口集中現象は激化してきた。

転出者の復帰については、一時転入を抑制したが、二十四年にこの転入の制限がとけてからの東京は、まるで流入人口の洪水といってもよかった。二十八年七月にはついに七百三十八万余人に達した。

戦後七年間の年間平均増加は約四〇万人で、これは当時の福岡市や仙台市クラスの都市人口分が毎年一つずつ東京につけ加えられていく勘定で、住宅は建ててもとうてい追いつくものではなかった。

都民の住宅不足は激化した。終戦直後にさかのぼってみると、住宅問題が最も鋭い形で現れたとき、都はとりあえず、応急的にできるだけたくさんの住宅を早急に建設することから始めた。

それが、そうこうしているうちにやがて世相も一応おちつき復興が進んでくると、こんどは量的から質的に住宅対策を考えることになってきた。普通木造にしても、その間取りや材料、仕上げは、質的にも戦前の水準にまで回復してくるようになり、戦前からのスラム化しつつあった老朽住宅や、戦後応急的に建てられた住宅地区の改良にも着手されてきた。

さらに衛生上・防災上の面から恒久性住宅の建設も必要となってきて、都市の不燃化をはかる不燃共同住宅も建設が進められた。そして昭和二十五年前後からは、大規模高層建築が予想外に活発となってきた。

昨年暮ごろから都内各所に大小さまざまの鉄筋ビルが続々出来上り、殊に銀座や池袋地区にはビル工事現場がひしめき、群立する鉄骨、うなるクレーンは首都東京復興の息吹きを伝えているが、この〝上にのびる建築〟に呼応して地下にもぐる地下街計画も活潑である。

（昭和二十六年一月四日毎日新聞、『うなる〝クレーン〟地上・地下へ活潑な首都復興』）

このようなビル・ラッシュは防火地域の制限で木造が禁止されたことにもよるが、なんとしても朝鮮動乱の勃発（昭和二十五年六月）で経済界が活気づいたこと、資金にもゆとりができてきたことであり、そのうえ建築資材も豊富になったことなどが大きな要因である。

東京の復興は朝鮮戦争による特需ブームをきっかけとして急速に進んだ。こうしたことが、いやでも当初の計画をこえて東京の水需要の急増に拍車をかけずにはいなかった。

東京の給水需要増大の原因は、第一に年々増加する人口にあるが、このほかに建物の高層化と、生活様式の近代化があげられる。

昭和三十五年頃、東京はすでに九〇〇万人を超えて世界の大都市にまで躍り上がったが、この人口激増の内容についてはくわしく省察してみる必要がある。

まず戦前（昭和十五年）の人口とくらべると、山手線内側の各区の人口は二六％も減っており、郊外地区（世田谷・杉並・練馬等の各区）は二倍以上も増加していた。つまり、都心部と周辺地区の人口の分布状態が大きく変化したことに注目しなければならない。単に総体の給水能力をふやすだけでは不十分で、配水管網の再編成もしなければならなくなってきたのである。

周辺地域の配水管網を整備、改善してゆくことと同時に、都心部は都心部で建築の高層化などによる水需要増加の原因が加わってきているから、この方面もいちだんと配水管網の拡充が必要となっていた。

都心部は人口が減ったといってもこれは夜間人口についてであって、昼間人口は約七〇万人も千代田区・中央区へ集まっていた。すなわち都心部の昼間人口は夜間人口にくらべて約二・五倍にもなり、この区域は面積にしたら区部の四%たらずのところへ、総配水量の一五%も給水しているという状態であった。

これは都心部の近代化、つまり立体化によるもので、首都圏計画で高層化区域として指定されたことによって、ビル建築は毎年めだってふえてきた。これは都心部のみならず、新宿・渋谷・池袋等の副都心区域のビル建築も、異常な速度で進んでいた。また周辺郊外地区でも、団地・アパートの高層化によって、水の需要をいちじるしく増加させていた。とくにこれらの高層建築に設置される冷房装置用の水道の需要が、馬鹿にならない量になっていた。

つぎに需要増大の原因としてあげられるのが、生活様式の近代化による影響である。電気洗濯機（当時都内では二戸に一台の割合で販売されていた）や冷房装置の普及、下水道の普及による水洗便所化などである。家庭用水道で水洗化している家庭（水道使用量一ヵ月平均一八・三立方メートル）と、そうでない家庭（一ヵ月平均一五・八立方メートル）では約二・五立方メートルの増加となっていた。とくに下水道の整備拡張により水洗便所使用家庭の増加によって、水道需要はいっそう高まっていた。

こうしたマンモス都市東京の水需要に対処して、都では水源の開発や現有施設の改善、合理的な水の需給計画などの努力がつづけられてきたが、主として資金事情で計画実施が遅延し、給水状況は悪化していた。毎年夏場になると、「なん十年に一度の異常渇水」がきまって訪れるようになった。昭和三十三年の夏などは、大小十余の浄水場のそれぞれの系統から施設能力を上回る給水をしても、それでも不十分で、配水管の末端や管網配置のまばらな地域、または高台地区など、都内の随所に給水不良地区が発生した。朝夕のピーク時ばかりか、日中でも、蛇口をいくらひねっても満足に水が出ないで、家庭の主婦が随分泣かされたものだった。

ところが、こうした給水不良地域が発生している反面、水の出のきわめて良い地域もかなり多数見うけられた。それは給水源に近いところや配水管網の密な地域、あるいは低地区などである。

水の出の悪い原因をよく調べてみると、需要の増大ばかりではなく、むしろ真の原因としては、市街地が遠心的に拡大したこと、都市構造の変化してきたことによって、使用実態と配水管網との間にアンバランスが生じてきたこと、そして配水管の老朽化により流通不良をおこしていること、などが考えられ、どうしても合理的な配分調整が必要となっていた。

　給水不良を改善する方法としては、配水管の増設、連絡、敷設替え、増圧ポンプ所の新設などが行われて、ある程度の解消策とはなっていたものの、なにしろ資金面にも限度があることだし、しかも需要面ではふえる一方なので、なかなかおいそれとはいかなかった。根本的にはやはり拡張事業によって、給水の絶対量をふやしていくことが先決と考えられてきた。

　これまでにもみてきたように、東京の水道施設は需要に一歩ずつ遅れていた。このため水道を引きたくても引けない未給水人口が区部のなかでも約一五〇万人もいた（昭和三十五年四月現在）。さらに年々あたらしく人口はふえるので、これらの人びとの給水需要もみたすことができず、水道の拡張はそれぞれもうすでに完成されていなければならない計画であるのに、主として資金の確保が困難のために予定よりも大幅に完成が遅れたことが、水不足を解消できないできた最大の原因であったといえよう。

## 二　水道拡張工事の進行

昭和二十三年から二十五年にかけて、戦争で中止されていた拡張事業が再開された。しかし戦後の政治経済事情による資金・資材の不足や水利権問題などもからんで、工事はいずれも大幅におくれていた。

戦後、東京の復興は急テンポに進んだ。それは無秩序と思われるほどの膨張をつづけていた。拡張事業がようやく完成して、給水量が増加したころは、すでにそれを上回る需要が待ちうけていた。

ここで、戦前から事業化され、戦時中にいずれも工事を中止していた第二水道・応急拡張・城南配水（相模川系）が、戦後どのように工事が進められてきたかを、概略述べておこう。

まず、小河内貯水池建設を骨子とする第二水道拡張事業からみてみよう。

戦後、東京の復興と人口の急増に、小河内工事の再開は欠かせないことだった。しかしこのころ「小河内貯水池工事は再開すべからず」という反対論がまたも一部からでてきた。このことは前章でも触れたところであるが、その論旨をもう少しくわしくみてみると、敗戦下の国内事情のもとでこんな日本一大きなダムを作るのは、国力の消耗以外のなにものでもない。もし将来必要があればもっと国力が回復した時にやるべきで、いまやっても、資金・資材の面で円滑を欠き、けっして予定どおりの期間にはできっこないだろう。それよりもむしろ、水道の漏水対策とか復旧改良工事、小規模拡張工事に手をつけるのが先決ではないのか、というのである。

さらにこの小河内計画が、流域に比して膨大であり、取水量の割に工費が巨額だということを理由に、もっと計画を縮小してこれによる不足水量は他の水系から補給するというような案も検討されたようであった。

このように工事再開に当たっても、一部にはいろいろな意見もでたが、小河内建設工事は既定方針どおり、昭和二十三年四月、都議会で事業再開がきまり、九月には建設事務所を開庁して工事は再開されたのである。

ところが、この間にまたも貯水池の用地問題であらたな障害にぶつかった。それは工事を中止してからは、買収ずみの用地内の農地を関係三ヵ村の申し出で、食糧増産のため自主的に耕作することを許可していた。そこへ戦後、昭和二十一年一月に、「自作農創設特別措置法」が公布されたので、地元の各村では貯水池工事反対のさきがけとして、不在地主には農地を返さなくてもいいんだという考え方のもとに、都有農地を逆に買収しようとしてきたのである。もしもこの法律にもとづく買収売り渡しが実現すれば、貯水池工事は完全に暗礁にのりあげてしまう。いくつもの経過をへて、売り渡し保留の措置がきまったが、とにかく思いがけない事態で現地の関係者は緊張の連続であったろう。

さらに追い打ちをかけるように、戦後の地元各村に対するあらたな水没補償問題が待ちうけていた。事態を重くみて都では「小河内貯水池用地対策委員会」を設置し、民主的な解決にのりだし、戦前から多年の懸案だった補償料・移転料・更生対策など一切の水没補償も二十七年七月までには解決したが、次から次へと対策処理で息つくひまもなかったと思われる。

再開後は、戦後のきびしい国内経済情勢下にあって、資材やとくに資金の調達がむずかしくて、工事の進行が意のごとくはかどらなかったが、昭和二十八年三月には定礎式が執行されて、ダムコンクリートの打ち込みに着手したころからは、しだいに資金事情等も好転し、工事は昼夜兼行でつづけられた。

昭和三十二年六月六日。この日は当事者にとっては忘れ得ぬ日となった。昭和六年に当時の東京府西多摩郡小河内村にはじめて水道用ダムが計画されてから二十六年、日蔭の村小河内がついに水の底に沈むことになった。工事のほとんどを終えたダム工事現場では、六月六日早朝、いよいよ湛水を開始することになったのである。

ダムの上流一キロの地点にある在来の仮排水路（上流入り口の水門ゲートの地点）では、早朝から準備が進められ、一五トンの重さの鉄の水門ゲートも日の丸の旗で飾られた。

佐藤志郎建設事務所長や現場の人たちは、多くの工事犠牲者をのんだダムサイトを深い感慨をもって見つめながら、貯水開始を待っていた。

この貯水開始の総指揮は都庁の知事室で安井誠一郎（やすいせいいちろう）知事がとることになっていて、現地の佐藤所長とは専用電話で綿密な連絡がとられていた。

　午前七時二十分が水門閉鎖の時刻。私は知事室にあって、三十秒前からの秒読みを仰せつかった。ＮＨＫ（ラジオ）の都民の時間だった。私は知事室のアナウンサーからストップウォッチを借り、身にあまる光栄に感激のあまり声もいっそう緊張した。「……十秒前、……五秒前、……四、……三、……二、……一、……時間ですッ！」。

　時あたかも午前七時二十分。安井都知事の手で貯水のための水門閉鎖令のブザーが押され、同時に知事室と現地との連絡により現場ではサイレンが高々と鳴りわたった。

　工事関係者や地元の小河内・丹波山・小菅など、近くの村々から集まった人びとが身をのりだして見守るうちに、水門ゲートはしずかに下りていった。

　ゲートが下りはじめてから、わずか二分でゲートは完全に閉じた。水門の上に飾られたクス玉から五色のテープと鳩が舞いあがり、万歳の声が山々にこだました。

　前夜から降りだした雨で毎秒八トンと水量を増した多摩川の水は、水門にせきとめられてみるみるうちに水かさを増していった。万歳を叫ぶ年とった労務者の眼に光る涙。複雑な表情で見守る小河内村の人びとの目の前で、水はしだいに岸を上り野の花々や新緑の樹々がひとつひとつ新しい湖に沈んでゆく。その日は一日中、この朝の録音がニュースの時間に再放送され、私のかん高い声が町を流れた。……

　小河内貯水池は、昭和十一年の調印から二十余年をへた三十二年十一月にダムの本体施設が完成した。ひきつづき東村山浄水場と、内径二四〇〇ミリという当時わが国で最大口径の送水管二〇キロを含む一連の配水本管布設工事も施工を急がれ、三十七年には計画どおり、とくに需要量の多い都心地区を中心とする区域への給水ができるようになった。

かくして東京の水道は、創設以後、第一・第二の水道拡張事業を通じて、多摩川を最大限に利用しつくし、多摩川上流を水源とする貯水池系は、東京水道の大動脈となり、東京の底知れない水道需要に立ち向かうことになったのである。

つぎに、相模川系拡張事業であるが、これは戦前に城南配水補給施設事業として計画されていたもので、戦後は相模川系拡張事業の名のもとに、浄水分譲を原水分譲に切りかえ、本格的な拡張計画として実施し、昭和三十四年に完成された。

これには東京都と神奈川県・川崎市との間で戦前すでに結ばれていた分水協定を戦後の情勢に対応するようにと、建設省の仲介のもとに、昭和二十三年に改訂の交渉が始められてから七年間、戦前に協定ができてからだと実に一二年間もかかって、ようやく現実に即した協定改訂が成立したという、いわくつきの事業である。

長沢浄水場の新設によって一日二〇万トンの通水ができたのは三十四年七月のことであった。この二〇万トンは、大田区を中心に品川・世田谷・目黒の各区など都の給水弱体地域である城南地区を対象としたもので、この地域は多摩川下流から取水している玉川浄水場の系統（戦前、買収した玉川水道株式会社の系統）として、都の水道のなかではもっとも低劣な給水状況を呈していた。

戦後、この地域の出水不良は深刻だった。俗にタル埋め、水栓倒しといわれた状態が、地域によっては生じていた。タル埋めというのは、水栓を地下のタルの中に沈めて全開にしておき、わずかばかり出てくる水をタルにうけて、これをくみあげて使用するもので、水栓倒しというのは、正規の高さでは水が出ないので、水栓を地面すれすれに倒して、かろうじて出てくる水をオケなどに溜めて使用したものである。

この城南地区は神奈川県に隣接し都の西南端に位置していて、応急拡張や第二水道拡張事業が完成して給水量が増加しても、ここの地理的な状況から、その給水効果の影響をうけることは望みがうすく、この地区を受け持っている玉川浄水場も取水量の関係で拡張ができないというので、給水状況の改善はまったくお手上げといった状態だった。

ところが相模川は地理的にも標高的にも、この地区に直接増加給水を導入できる唯一の水源であった。城南地区の給水状態を改善させるには、この相模川を水源とする拡張事業を完成させる以外には、まったく望みはなかったのである。この相模川系拡張は、他県内に浄水場をもち、しかも他県の水道の原水を分水の形で水源にするという、東京都ではもちろん初めてのケースであり、わが国の水道史上からみても特異な例である。

はるばる相模川の水は多摩川をこえて運ばれ、給水は早くも三十一年七月、長沢浄水場がまだ竣工する以前に、川崎市生田浄水場からその余剰水一日五万トンを、敷設ずみの内径一八〇〇ミリ配水本管を通して、暫定的に応急分水をうけることになった。これは一日も早く城南方面の給水不良を解消させるためであった。

三十四年七月からは一日二〇万トンの給水が開始されたが、三十六年、三十七年の水ききんでは、この水源がなかったら、城南地区の水はまったくお手上げだったに違いない。

この一八〇〇ミリ配水管から多摩川を横断する箇所に架した水道道路併用橋（多摩水道橋）は、建設局と水道局、それに神奈川県で費用を持ち寄ってつくられた。橋はその目的から二段になっていて、上段は公道に、下段は水道管にあてている。橋梁架設の水道管としては当時わが国最大のものであった。

多摩水道橋開通式（昭和28年12月12日）

架設された場所は「登戸（のぼりと）の渡し」のあったところで、明治の末年以来、地元民とくに神奈川県では熱烈な架橋の要望のあった箇所で、通路橋としては地元の繁栄をもたらし、水道橋としては都の城南地区へ給水増加をもたらす重要な役割をになうものであった。

なお、長沢浄水場をつくるに当たって、浄水場の用地面積に非常な制約をうけたため、用地の節約と沈殿効果の向上をはかるため、二階槽沈殿池とされた。これは外国では例があるが、わが国では初めての形式であった。

また藻類除去用として英国で用いられるようになっていたマイクロストレーナが設置された。水源の相模湖に藻類（主に硅藻（けいそう）類）が季節的に繁殖し、原水とともに流入するので、いちじるしい濾過障害をきたすのを機械的にとりのぞくためで、大規模施設としてわが国で本格的に採用したのもこれが初めてであった。

さらに浄水場における各種の作業を迅速確実に処理できるようにするためと、労力・薬品・電力などの節約をはかるため、浄水場にオートメーションが採用されている。取水・導水・浄水・送水・配水という一連の施設と作業を通じて、完全自動化またはワンマン・コントロールされていることは、水道史上革命的な意義をもたらすものであった。

多摩川系と相模川系のあとには江戸川系の一連の拡張事業が登場してくる。

すでに昭和二十三年に工事を再開した応急拡張事業は、江戸川を水源とし金町浄水場の拡張を主体とする工事で、二十八年には全部を完成した。

その後この金町系については、国で行った江戸川水利統制事業で浮いた余裕水量を新規水源として、対岸の千葉県と協議が成立し、これにより三十五年十月から江戸川系拡張事業が着手された。これは金町浄水場の施設を改造して、日量九万五〇〇〇トンを増加させ、給水能力を日量五〇万トンにまで高める工事だが、渇水対策の一つとして工期を三ヵ月繰り上げて施工するという突貫工事で、三年後の三十八年には完成しており、渇水による制限給水地域である貯水池系への応援補給に役立てたものである。

さらに、中川・江戸川系緊急拡張事業が計画された。これは江戸川の流量が非かんがい期に余裕があり、一方、中川にはかんがい期に農業用として利用された水が集まり余裕が生じることから、中川と江戸川を水路で結び、年間を通じて安定した水を確保するものであっ

金町浄水場（中川・江戸川系緊急拡張工事施工中）

た。

　金町浄水場を改良、拡張して日量四〇万トンの給水増加をはかり、とくに貯水池系の慢性化した水不足に対し、応急補給を行う緊急工事として、三十七年十月貯水池系の制限給水のさなかに着手された。三十九年六月には全量通水し、大部分が貯水池系に補給された。

　この拡張事業でうみだされた増加給水量は戦前戦後を通じてこれまででは最大の量にのぼり、第二水道拡張事業による増加給水量にも匹敵するものであった。しかも、単に施設能力を増加しただけではなく、貯水池系の大谷口給水所を通じて、江戸川水系と多摩川水系の相互連絡に先駆的な役割をはたした点で、大きな意義をもつものであった。

## 三　累年の水不足と制限給水

東京の水道の水の出の悪いことは、随分久しい以前からのことであった。それでも戦後再開した前記の江戸川系、相模川系、それに多摩川系などの拡張事業がつぎつぎと通水するにしたがって、ようやく需要に応じられるようになったとたんに、渇水年がつづいた。つまり多摩川の長期渇水である。

日照りつづきにより貯水池はしだいにへりだしたため、貯水池の系統である区部の中央部から西北部一帯（約六〇万戸）に対して、制限給水を実施せざるを得なくなったのである。

制限の程度には種々段階があって、三十六年十月から始まった第一次制限給水は、しだいに第二次、第三次と制限がつよめられた。

第二次の制限給水を例にとれば、制限時間は深夜間十時から翌朝六時までで、この時間内は、浄水場の配水ポンプや各増圧ポンプそれに主要な箇所のバルブ操作によって、極度に水圧をおとした。だいたいが、夜はチョロチョロ水がでるくらいで、全くとめたわけではないが、高台などは圧力の弱いこともあって出ないところもあった。主婦たちの中には、深夜に水くみや洗濯などをする人びともいて、水道栓に嘆息する姿なども見うけられた。日中も軽度の制限が実施されていた。

水道使用者側の節水協力で給水量の節約がうまくいったのと、水源地に平年以上の降雨が恵まれて水源事情が好転したため、制限は緩和されたこともあったが、すぐまた水不足で、三十六年から五年間も制限がつづいた。当時は高度経済成長の波にのって東京が膨張し、需要に供給量が追いつかなかったときである。多摩川だけでは限界にきていた。

昭和三十七年の異常渇水で深刻な水不足に見舞われた東京では、なにしろ小河内ダムが完成してからはじめて遭遇した事態だったので、各方面からの風当たりはとくに強かった。東京の水不足をめぐっていろいろな批判や提言、とくに小河内ダムそのものへの批難や抗議が連日にわたってジャーナリズムをにぎわし、東京の水道は一躍社会の注目を浴びた。

五月には「臨時東京都渇水対策本部」が設置された。直接当局あてに毎日のように投書が殺到し、渇水対策として節水の具体的方法や水源確保のいろいろな措置や計画、さらに雨乞いの祈禱まで、たくさんの手紙が舞いこんだ。なかには、当局を無為無策ときめつけ、これに対する痛烈な罵詈雑言、不平不満や悲憤慷慨、さらに要求から激励などの投書もたくさんあった。

この小河内貯水池計画は、東京市域拡張以前に始まっており、給水計画としてはもちろん、旧東京市内（旧一五区）の給水増強に当てるためのものであった。これまでにも述べたように、昭和十三年にようやく起工、戦前戦後をつうじて多くの障害と困難にあい、当初予定した工期よりも大幅に遅れて完成されたものだ。

しかもこの計画は、戦後は最も給水需要の激増している都心部をふくむ地域へ出まわっているために、当初の設計をはるかに上回るオーバーな給水をしいられてきた。

結局、計画ではどんな渇水年でも、設計どおりの引き出し水量ならば確実に給水していけるという見通しであったものが、多摩川以外の他の水系の拡張工事がなかなか思うようにはかどらず遅れているところへ、需要は増大していくので、やむなく計画以上に使う無理をかさねてきたため、異常渇水と重なってピンチに追いこまれたのだ。

渇水問題が連日マスコミにとりあげられるようになってからは、「水の化学記号はS・O・Sだ」とか、綴方教室と題して「お父さんは村山へ水くみに、お母さんは多摩川へせんたくに行きました」などという耳の痛い投書までが、新聞のカコミ欄をにぎわした。

水不足に対して寄せられた批判や提言の内容を大別すると「当局者をしかる」ものと、「対策」がほぼ半々を示していたようである。「当局者をしかる」ものの部類には、「集中豪雨でもなければ、というような無責任、無能には満足できない。水不足は人災である」といった批判や、「将来の需要増を適確に把握した長期計画にもとづく水道行政がなされていない」「水利権の調整と、水資源を適正に利用できる行政運用の態勢をととのえよ」など、当局者に対する抗議は日増しに激しさを加えてきた。

寄せられた「対策」としては、「海水の淡水化」「人工降雨」「深井戸」「緊急導水」などにまじって、「東京へ出入する自動車の協力を得て、バケツ一杯運動を実施しては……」という他県の少年からの提案も見うけられた。

各関係団体でも、当面する水ききん対策について真剣に考究され、「現在進行中の拡張工事の早期完成と既設浄水施設の高度利用化」「各配水系統を相互融通し得る配水管の布設」「新水源の調査の推進」などや、「汚水を処理して工業用水に、海水淡水化の実用化」「河口堰築造による流水の効率的利用」などの緊急対策を決議し、関係方面に要望された。

その後、水源地は平年以上の降雨に恵まれ、水源事情が好転し制限は緩和されたが、再び最悪の気象条件となって貯水量は減少しはじめた。ついに昭和三十八年末からは再度制限が強められた。それからも制限の強化は一進一退だった。

このダム周辺の山々から多摩川上流の山梨県側にまで、約二万一〇〇〇ヘクタールもの水道用水源林がひろがっている。水源林は降った雨が一度に河川へ流出するのを調節し、水量を確保して渇水期でも一定の水量をたえずダムや川に送りこむことができる。このためとくに渇水期などには効果がある。また、土砂の流失を防止して、ダムに土砂が流入し堆積するのを防ぐことができ、水質の浄化をはかるなど水源涵養に重要な役割をはたしている。すでに明治四十三年十月から水道局では、長い歳月をかけて水源林の管理・経営にのりだしてきた。

忘れもしない東京オリンピック直前の三十九年夏のこと、渇水はますます深刻となり多摩川の水は涸れ、奥多摩湖は干あがって地割れした底の地面が顔を見せるほどになった。

多摩川の上流から水をとっている小河内貯水池、それに村山貯水池、山口貯水池の三つを合わせて貯水池系といっているが、この総貯水量の最低が八月二十日の三四六万五〇〇〇トン、これは満水時二億二〇〇〇万トンに対して一・六％の貯水量と、底をついてしまった。

当時、八月十五日から二十四日まで貯水池系から配水をうける一七区、六〇万世帯（都内全世帯のおよそ五分の一）に対して第四次制限強化（これは節減目標五〇％で昼間断水をともなう強い制限給水）の状態で、東京サバクとまで騒がれ、東京の水道はいまや最悪の状態をむかえたのである。

少ない水を有効に使うための緊急措置として、制限給水の強化によってこの危機をのりきらざるを得なかったのだが、このような広い地域にわたるきびしい措置は、都の水道史上初めてのものであった。

東京の水不足は閣議の問題ともなり、政府もできるだけの協力をするべきだということになった。河野国務大臣主宰の東京都水不足緊急対策会議が七月二十二日の午後開かれ、関係省庁の局長、水資源開発公団の副総裁と工事担当の理事、都は水道局長以下が出て協議会がもたれた。ここでは利根川の通水を一日も早くすることが一番手っ取り早い方法だという結論になって、そのためにできるだけ工期をつめて、早期通水にもっていこうという話になった。そしてどこまで詰まるかは、二十三日直接現地に行って関係者一同集まり、とくに業者もまじえて、はっきりした見通しをつけようということになった。かんかん照りの翌二十三日、河野大臣は直接、荒川取水工事の現場を視察し、関係省庁、公団、都水道局と協議した結果、水ききん対策として最後のきめ手となった利根川の一部通水――いわゆる荒川取水が工期を八月二十五日に繰り上げて、完成させることになった。

利根川の一部通水というのは、当時実施中だった第一次利根川系拡張事業のうち、取りあえず一日最大四〇万トンを東村山浄水場へ原水のまま導水し、ここで浄水にして給水制限中の貯水池系給水区域に補給しようとするものであった。ところがこの利根川通水に、利根川から荒川までの導水路が間にあわないので、それができるまで暫定的に荒川の水を取り入れようというのであった。

河野大臣一行が荒川の現場に集まった二十三日には、厚生省でも東京都水道対策連絡会議が招集された。この連絡会議は三十七年の渇水のとき政府に設けられたもので、会議は厚生省事務次官が主宰し、メンバーには関係省庁の局長、東京・埼玉・千葉・神奈川の四都県の副知事がなっていた。このときの決定事項は、

㈠、東京都並びに水資源開発公団は、荒川よりの取水工事をさらに繰り上げ、おそくとも八月末までに取水できるようにする。

㈡、利根川から荒川への通水工事が完成するまでの間は、緊急措置として、埼玉県の協力を得て荒川の水を取水する。

以下、三項から八項までであるがここでは省略するとして、一項の「おそくとも八月末までに」が前記のようないきさつで八月二十五日にきまったのである。

東京都の水道は、いまや最大の危機に直面したのである。制限給水の段階からいって、第五次（節減目標五五％）制限というのは実際上、一日三時間程度の時間給水となり、都民の生活に及ぼす影響が大きいので、第五次制限を回避するため都の機能の総力を結集して、あらゆる対策が講じられた。当面の緊急対策として計画し実施されたのは次のようなことであ

った。なおいずれも関係省庁、隣接県市等の厚意と協力があってこそ実現をみたことはいうまでもなかった。

㈠荒川取水の早期通水と原水の定量確保

これは前に記したとおりで、荒川よりの暫定取水は、平時であればとうてい実行不可能と考えられていた非常措置であった。

㈡相模川分水の措置

相模川分水の増量援軍である。分水の増量分は底をつきそうになっている貯水池系に回して、貯水量の食いのばしをはかった。

㈢応急給水対策

八月六日第四次制限給水にはいり、都は防衛庁に「災害出動」による応援給水を要請した。陸上自衛隊東部方面隊はこの要請にこたえて六日中に管内の給水部隊を東京に集結、七日朝八時から給水部隊を都心に出動させた。自衛隊としてはこのような大規模な水不足で「災害出動」するのは初めてのことだった。また都水道局の要請で、警視庁は機動隊に配属されている放水車を十一日朝から応援給水。府中市の在日米軍統合司令部も同日から米軍給水車を提供、給水応援出動。さらに十四日からは全都的な組織と体制で応急給水が開始された。

組織ではこれまでの臨時東京都渇水対策本部を拡大し、また災害に準ずる非常体制として都水道局員だけではなく、他局からも応援をあおぎ、応急給水の車両も現有勢力を倍増し、大規模な応急給水活動を展開した。水道使用者からの苦情や問い合わせはいちじるしく増加した。また、民間からも給水応援を申し出るものがぞくぞくとでてきた。数多くの民間団体からも協力を申し出た。民間の会社では井戸を使わせる、会社も給水車、給水カンなどを提供するというのもあった。

㊃北多摩地区市町よりの応援給水

都内の水不足をみかねた都下北多摩郡市町から、市民の節水によって生みだした水を応援したいと北多摩水資源対策促進協議会を通じて都に申し入れがあり、各市町間の水道管がつながっているのでリレー式に水を都内へ集中、また一部は水道管を急遽新設し区部水道とつなぎ、応援給水をした。

㊄人工降雨実験

都の要請で政府は、都の水源地である小河内地区上空で八月十三日より約一ヵ月間人工降雨の実験を行った。使用機は陸上自衛隊機C－46、海上自衛隊機P2V7、ビーチクラフト(民間機)。この実験には科学技術庁のほかに防衛庁、気象庁、運輸省、米軍横田基地、東京および日本人工降雨研究協会などの協力を得ている。

㊅その他

埼玉県、千葉県の協力で中川・江戸川より設備能力の限度に増加取水することができた。また、かんがい期に入り、玉川上水から分水しているかんがい用水の分水量を必要最小限度に節減するよう各分水管理者に協力を要請、実施できた。同様に多摩川本流下流の関係かんがい用水管理者にも要請、協力をえた。また漏水防止作業の徹底励行など、種々の緊急措置が講じられた。

昭和三十七年に「臨時東京都渇水対策本部」が設置されたときから、私はずっと本部書記をつとめた。七〜八月に入り事態の悪化につれて、対策本部も早朝から夕刻まで日に何度も招集がかかった。緊急打ち合わせ会議なども頻繁になり、毎日が自分の体でないほど目まぐるしかった。また手分けされたメンバーにまじって、炎天下の応急給水活動に出動したり、他県への協力要請などにも出て回った。このときは局のだれもがみな、なにかしらの対策活動で全く忙しく立ち働いた。八月二十日以降の豪雨で小河内の貯水量がぐんぐん好転し、また一日四〇万トンの荒川取水も始まり、二十五日から給水制限も第四次の四五％から第三次の三五％に緩和（実質的には三〇％）され、ようやく昼間断水が出ないように配慮され、「東京サバク」は解消し、愁眉を開くことができた。顔あわせてもお互いに「ほんとうによかった」の一言がまず口をついて出て、ようやく一段落をみたのである。

## 四　変貌する東京の水道地図
### ——多摩川系中心から利根川系が主流に

昭和二十五年の朝鮮動乱をきっかけとして、日本経済はめざましく発展した。東京には産業や人口が集中し、水需要の増大をもたらした。

また、昭和三十五年からの高度経済成長政策にともなって、東京の都市化はさらにすすみ、人口の急増、生活様式の高度化、工業の大規模化、そして都市住宅の高層化傾向等により、水需要の増大にいっそうの拍車をかけたのである。

小河内ダムが昭和三十二年にできたが、浄水場や配水管などの設備が間にあわなかった。毎年、施設能力をこえた給水がつづけられたが、悪いことには多摩川のダム地点に思うように雨が降らず、東京の水道はピンチに追いこまれた。

それは昭和三十九年、東京オリンピックを前にして、「東京サバク」とまで言われ、都の水ききんの記事が連日報道されて、最悪の状態におちいったときのことである。

この史上最大のピンチは、八月二十五日の荒川緊急取水と関連工事の完成でやっと救われたのだが、緊急取水はあくまでも緊急なもので、荒川の水を取水していたわけである。

翌四十年三月一日公団が施工していた武蔵水路が完成して利根川の水が荒川に注がれ、待ちに待った利根川の水が東京にやってきた。そして、それから一ヵ月後の三月三十一日には玉川上水の水（多摩川の水）を利用する東京最古の淀橋浄水場が廃止され、浄水機能を東村山浄水場内に移設するという、この二つの事実に象徴されるように、東京の水道地図は大きく変わりつつあった。

東京の水道は創設いらい、これまでの拡張事業を通じて、多摩川を最大限に利用してきた。多摩川上流を水源とする貯水池系統は、東京水道の大動脈となって、東京の底知れない水道需要に立ち向かってきた。

一方、多摩川の下流を水源とするものに、砧上（きぬたかみ）・砧下（きぬたしも）、玉川、調布の各浄水場がある。しかしこの系統では水質汚濁がひどく、とくに玉川浄水場などではその度合いが強くて、浄水能力に大きな障害をあたえてきた。しかも流量の調節機能をもたないので、この系統の浄水場では多摩川が渇水にでもなろうものなら、たちまち原水の取水が困難になった。

こうした下流系の浄水場は、もとはといえば東京の創設水道とは関係なく郊外水道として市町村ごとにてんでんばらばらに計画され、それぞれの給水区域をもって運営されていた。これを市郡合併で吸収したり買収したりして、東京の水道となったものである。

そこへ戦後は多くの苦労のすえにやっとのことで、東京都・神奈川県・川崎市との間の分水協定により、相模川の水が水源として加わってきた。

多摩川と相模川の原水利用が飽和に達したあとに登場したのが、江戸川系（金町浄水場系）の一連の拡張事業である。

だいたい三十七年以降の多摩川系の渇水あたりから、江戸川系の比重が増加し、むしろ多摩川系の比重は徐々に低下してきて、両水系の立場は逆転しつつあった。

だが、年々膨張をやめない東京の水を確保するための恒久策としては、どうしても利根川の水を東京へ引く――利根川系拡張事業計画による給水増加にまたなければならなかった。

利根川の水を東京へ導くことは戦前から計画され、東京の水道にとって永い間の悲願であった。

戦後は群馬県・東京電力・東京都の三者で東電が建設する矢木沢ダムによる水量配分などについて意見の調整がつかず、関係者間の協議が難航していたが、昭和三十三年、建設省が特定多目的ダム法にもとづき、矢木沢ダムに下久保ダムを加えて建設計画をたて、水道・かんがい・発電の三つの目的をもつ多目的ダムとして、国（建設省）が直轄施工することになった。これにより東京都の取水分についても計画量をえられることになり、利根川の水が都に導水される計画が現実のものとして動きはじめた。

昭和三十六年に水資源開発促進法、水資源開発公団法が立法化され、三十七年五月には水資源開発公団が発足した。その年の八月、国は「利根川水系における水資源開発基本計画」を決定し、永年の懸案だった利根川からの導水が実現することになった。同年十月から矢木沢・下久保両ダムの建設事業は建設省から公団に引き継がれ、利根川水系の浄水場までの水源の手当は公団が行うこととなった。昭和三十八年、東京が深刻な水不足の最悪事態におちこみつつあったころのことである。

最大のピンチに立たされた東京の水道も、公団によって建設されていた朝霞水路の完成により、三十九年八月には荒川から緊急取水することによって、急場をのりきることができた。

その後、さきの「基本計画」にもとづいて公団は、利根川上流に矢木沢・下久保ダムやそのほかいくつもの水源施設を完成し、これらを水源として都では現在までに一次から三次にわたる拡張事業を完成させ、第四次利根川系水道拡張事業をいま実施中である。

第一次利根川系水道拡張事業というのは、利根川上流に建設された矢木沢・下久保の二つのダムにたくわえられた水を水源として、一日一二〇万トンの利根川の水を東京に導水するものである。昭和三十八年よりはじめられ、三十九年の多摩川の渇水による都の水ききんに大きな効果を発揮した。

利根川に下った水は中流部の利根大堰で取水し、武蔵水路でいったん荒川へ放流したのち下流の秋ヶ瀬取水堰で再取水する。この水は朝霞水路をへて朝霞浄水場（新設）に導き、九〇万トンは浄化して都心部と城南地区に送られ、三〇万トンは原水のまま一六キロ余の原水連絡管で設備を拡張した東村山浄水場へと導き、浄化して都の西北部に送られる。

朝霞浄水場は世界有数のマンモス浄水場で、用地買収には困難をきわめた。この浄水場は用地の関係から施設は立体的につくられ、本館は地上二階地下三階建て、沈殿池は二階三層式という新しい設計になっていて、ポンプも大容量、小台数主義とし、機械の操作は集中管理で、電子計算システムを導入するという最新の技術がとり入れられた。

地下三〇メートルの原水ポンプ場や主要施設の大部分が地下に配置されたため、掘り出した土の量は一一〇万トン（旧丸ビル五杯分）、最盛期には土運びに一日四〇〇〇台のトラックが動いた。二〇秒に一台の割で車の列がつくられ、延べ四〇万台分のトラックが走り、ここに働く三〇〇〇人の人たちのお米の買い出しに苦労したという話がのこっている。

ここで浄化された水は約一五キロ余を二七〇〇ミリの送水幹線（朝霞・上井草幹線）で南下し、杉並区の上井草給水所（新設）に達する。この種の管ではわが国最大で、普通乗用車がラクに通れるほどの太さである。上井草給水所の配水池は都営の運動場のあったところで、コンクリートをそっくりはがし、池ができるとまた上にかぶせて、もとの運動場にしてある。

かつて江戸時代の初期、玉川上水の開削を突貫工事でやっていたころ、このあたりはまだ武蔵野の原野で、キツネやタヌキがむらがっていた。ところが今では商店や住宅がびっしり立ち並ぶ密集市街地となっている。地下は地下で電気・ガス・下水などの管がぎっしり埋まっている。工事の仕上がり期間は二年足らずで、今の技術からすれば工事はなんでもない。そして設計上の問題、たとえば管をどの道に埋設するか、とか、どこを用地買収するか、工法はどうするか、などは水道の建設本部で決めるが、工事にかかる段になると、地元からいろいろな苦情がでてくる。これでは道路が通れなくなる、とか、商店街では売り上げがへった分をどうしてくれるか、などで、迷惑はできるだけかけないことなど納得してもらうのに、現場監督などは毎晩かけずり回った。

内径二七〇〇ミリ、長さ四メートルの鋼鉄管を延々三四キロ（高井戸・和泉幹線を含む）

にわたってほとんど道路ぞいに埋めるのだから、狭い道では管だけで一杯になってしまう。そこで考え出されたのがシールド工法――地下をモグラのように掘り進む推進工法である。シールド工法を採用したのは杉並区内でも道幅六メートル足らずの狭い商店街を貫通する上井草・高井戸間の幹線部分の道路であった。一メートル当たりの工費は普通のオープンカット工法の約二倍はかかった。

第二次利根川系水道拡張事業は、第一次と平行して四十年度から着工された。利根川支流の渡良瀬川に草木ダムを、利根川本流に河口堰を建設し、朝霞・金町両浄水場を拡張し小作浄水場の新設で、一日一四〇万トン（三多摩地区に給水する一日五四万トンも含む）の水が東京に導かれた。

この二次利根拡張で、五〇・七キロにわたる東西・南北の両幹線、支線には四六・五キロの配水管が敷設された。三多摩地区への導送水管も八五キロ、導送水ポンプ所三ヵ所が新設された。

東京水道の歴史的成り立ちからすると、昭和七年に隣接町村営水道やその後逐次、会社経営の水道を吸収・買収したときから、系統間に有機的なつながりがなく個々バラバラであった。複雑な配水系統間の相互連絡と統合の問題は、その解決をせまられていたのが、ここへきて一挙に解決をみ、区部の系統間の需給のバランスをはかれるようになったのである。

また、区部だけでなく、三多摩市町村に対しても、東京という広い立場からの計画が含まれ、当初は緊急臨時対策として浄水の分譲という形ではあったが、広域水道の布石がつくられた。三多摩を含めた東京の水道史を大きく画する時期に入ったといえよう。

二次利根でも東西幹線と南北幹線ではシールド工法がとられた。深刻な地下の過密状態のためである。なにしろビルはどんどん地下へ延び、地下鉄・上下水道・ガス管・電話ケーブルなどがぎっしりつまっているからである。

東西幹線は東の金町浄水場と西の和泉(いずみ)給水所（杉並区）を二八・九キロにわたって内径二メートルの大鉄管で結ぶ工事で、その間の一部は、道路は狭いうえに交通量が多く、掘り返し工事では交通が遮断されるので、地上になるべく迷惑をかけないように、モグラのように掘り進むシールド工法が採用された。ついでに電話ケーブルも埋設する共同溝にしようというわけで、電電公社も費用を負担して施工された。共同溝は直径が五・五メートルもの大穴となった。

南北幹線の方は、朝霞浄水場から板橋・北・豊島・文京の各区をへて本郷給水所までの延長二一・七キロにわたり、内径二・二メートルの巨大な配水本管を敷設し、さらに本郷給水所から品川区の西戸越付近までの南北支線に連絡された。

この部分にも人家が密集し交通のはげしいところがあって、ガス管・電話ケーブル・下水道管などの埋設物が錯綜した中を、一部シールド工法が採用された。

シールド工事は地下二〇メートルの地底にまず立て坑を掘って地中にもぐり、円型の鉄ワクの先をキリのように土層に切りこんでトンネル作りをしていくのだが、掘っていって井戸涸れや湧水の対策にも慎重に事を運ばねばならなかった。また、一部分では水道の配水管とガス管、電話線などを一緒に施設する共同溝工事も行われた。

その後、東京都区部と三多摩地区の水需要の増大に対処するため、第一次、二次につづいて第三次利根川系水道拡張事業にとりかかった。これらの一連の利根川系の拡張工事が完了して、一日三八〇万トンの施設能力を増強できた。

しかし年々大きなホテルや高層ビルがふえ事業用水が増加したり、下水道の普及、日常の生活様式の高度化、核家族化による世帯数増加など家庭用水の増加も大きな要因となり、さらに三多摩地区の都市化の進行など水需要の増加傾向は避けられない見通しとなってきた。

そこでこの将来の水需要に対処して第四次利根川系水道拡張事業（四利根）に着手されている。これは埼玉県三郷(みさと)市に一日二二〇万トンの給水能力をもつ三郷浄水場の新設をはじめ、三ヵ所の給水所新設、最大二メートル六〇センチの大口径管を含めて水道管を一七〇キロ（東京―静岡間の国鉄線路の長さ）敷設するという、東京水道はじまって以来の大工事である。

しかし、この供給源となるのは、新たに水源開発を行うものでは思川(おもいがわ)や霞ヶ浦の開発、そして滝沢(たきざわ)ダムや奈良俣(ならまた)ダムなど、いくつかのダム建設が予定されているが、水源地域の人びとの補償問題等で思うように進展していない。ダムができれば水源地域の人びとにとっては生活の基盤を失ってしまう。「東京の犠牲になるのはごめんだ」という住民の切実な声がある。

このため昭和四十九年、水源地域対策特別措置法（通称、水特法）が施行された。この法律では、水没によっていちじるしく地域の状況が変化するようなダム建設の際には、水源地域にある住民の生活を再建するために、生活環境や産業基盤などを整備するものだが、生活再建措置については単なる努力規定にとどまっているため、水源地住民からみれば不満が多い。

これを補うものとして昭和五十一年、財団法人「利根川、荒川水源地域対策基金」が東京、埼玉など一都五県で設立され、下流受益者の資金的な協力を得て進められている。これによって水源地と下流都県が一体となって水源地域住民の生活再建をはかり、水源開発の円滑な促進の一助としている。

しかし、移転補償、生活再建の問題、残された地域の振興策、そして自然保護や環境保全など、問題は山積みしていて、今日のところ水源開発は大幅に遅れている。

こうした遅れによる当面の水源不足をカバーするために、四利根では主体事業の中に緊急対策事業と呼ばれる水源の運用対策が加えられた。

その一つは、利根川と多摩川との連絡施設の増強である。少ない水源をやりくりするために、利根川と多摩川を一体に考えて相互融通をはかろうというもので、小河内貯水池からの取水施設（新放流口の取り付け）と多摩川からの取水施設（小作取水堰の新設）やこれに関連する導水施設を増強した。利根川の流況のよいときはなるべく利根川の水を利用し、多摩川の水は小河内貯水池にためる。そして夏の需要期や利根川の渇水のときにこれを引き出して利用する。

いま一つは、城北工業用水の水源転換である。多摩川下流の水質悪化のため、昭和四十五年より取水を停止し休止中の玉川浄水場を、将来の多摩川の水質浄化に備えて再開できるように改造し、緊急的に工業用水として活用する。つまり城北地区工業用水道と休止中だった玉川浄水場を連絡して、多摩川下流の水を緊急暫定的に工業用に送水し、そのかわりに城北工業用水に使っている利根川の水の一部を水道用にふりあてるというもので、いずれも五十三年度に完成している。

近年、水道水源の河川は急激に汚濁が進んできた。多摩川ばかりでなく、比較的水質が安定しているといわれた利根川も、昭和四十五年の異臭水事件、四十六年のフェノール事件のような汚濁事故で、水道にとって大きな問題となった。こうした原水の悪化に対処し水質の安全体制を強化するため、都では昭和四十九年から「水質センター」が発足している。またこれとは別に、原水運用の効率化や、きめ細かな配水調整などによって限られた水を最大限有効に運用していくために、昭和五十四年からは「水運用センター」が発足している。

いま、東京の水源の依存割合は、利根川が約七〇％、そして小河内ダムを上流にもつ多摩川はわずか二五％たらずとなり、東京の水を守るエースは利根川となってしまった。

しかし利根川にはまだダムが少ない。雨に左右されないような安定した水道にするために水源開発が進められているが、ダムをつくるとなると、地元住民の立ち退きという困難な問題につきあたり、いまだに円滑にことは運ばないのが実情である。

昭和五十三年夏のときのように、利根川が長期渇水に見舞われると、小河内ダムはそのピンチヒッターとして大活躍をした。つまりエースの利根川がピンチに立つと、小河内ダムを上流にもつ多摩川はリリーフとして、東京の貴重な水源の一翼をになうものとして、ますます重要な役割を果たしている。

## 五　江東地区の地盤沈下対策と市街地再開発
### ——下水処理水再利用による工業用水道の建設など

貝塚爽平（かいづかそうへい）の『東京の自然史』という本をみると、「いうまでもないことであるが、川は土地の低いところを流れるものである。山の手台地では、川は台地をきざむ谷底にある。ところが、東京の下町の、江東区・墨田区・江戸川区などでは、川は自然の理に背くように〝尾根〟の上を流れているのである。試みに、総武線の亀戸を下車し、東西南北どちらへでも行くと、平坦地の向うに坂がみえてくる。この坂の上までのぼれば、橋がかかり橋桁近くまでドス黒く悪臭を放つ水が満ちているのをみる。もし満潮時ならば、亀戸駅付近の土地は、水面より二メートルぐらい低い。ところによっては、三メートル低いことさえある。ここは〇メートル地帯なのであり、水害の常習地である。川が流れている〝尾根〟とは、土地が海底に没しないために、上へ上へとつぎたされていった堤防の裾の盛土なのである」といっている。

この本の出た三十九年ころ、私は江東区亀戸の福神橋（ふくじんばし）たもとにある水道局の事業所に勤務していた。江東・墨田・江戸川三区が担当区域であった。

江東区は、戦後、深川区と城東区が合併して生まれたもので、江東デルタ地帯の南部を占め、地盤沈下がひどく、墨田区（戦後、本所区と向島区が合併）とともに、都内では最も土地の低い所で、海面下の地区も多い。

江戸川区は、都の東京低地の一部で、ひらたく言えば「水流る平野」、起伏のとぼしい湿地の連続である。宿命の軟弱地盤であることは、江東・墨田両区とともに共通して言えるところである。

東京に地盤沈下が生じたのは、下町低地を中心に明治の末期ごろからと推計されている。大正十二年の関東大震災後に水準測量をした結果、沈下していることがわかった。

地盤沈下の激しい地域は江東・城北地区で、とりわけ江東地区は激しかった。江東地区の地表は沖積層という軟弱地盤でおおわれていて、そこへ大正時代から荒川や隅田川周辺に大小工場が密集し、大量の地下水汲み上げが始まった。地盤はこのころから沈みつづけ、昭和三十五年ごろの沈下最盛期には年間一八センチメートルも沈下していた。

この対策として、まず江東地区について昭和三十六年一月、城北地区は三十八年七月に、それぞれ工業用水法の地域指定が行われ、工業用井戸の新設が規制された。その後、既設の工業用井戸についても、汲み上げを規制したので沈下量はへったが、四十三年以降にふたたびふえはじめた。

これは規制の行われていない周辺地区や、規制地域内でも深層部からの汲み上げによる結果とみられ、このため四十六年五月から江東・城北地区の規制が強化され、実質的に深層部からの汲み上げは全面的な禁止となった。さらに江戸川地区（荒川左岸）を含む指定地区の拡大などによって、沈下量もへってきている。

工業用水道は、このように地下水汲み上げを規制された地域の工場に、地下水の代わりとして工業用の水を供給する事業で、東京には江東地区工業用水道と城北地区工業用水道の二つがある。

まず江東地区の方だが、この地区に工業用水道をつくるにしても適当な水源はそうたやすくは得られなかった。が、ここでは三河島下水処理場付近の製紙工場や皮革工場など約八〇工場に対して十年も前からずっと下水処理水を急速濾過、塩素処理して給水してきた実績があり、この地区へ供給する工場用水の約九〇％は冷却水なので、三河島下水処理場で活性汚泥法によって処理された二次処理水を原水とし、これをすぐとなりの工業用水道南千住浄水場（新設）でさらに沈殿・濾過・滅菌処理のうえ、江東地区の対象工場に供給することになった。昭和三十九年八月、一部給水を開始し、翌四十年五月から全面給水している。下水処理水を水源とする工業用水道は、わが国ではこれが初めてであった。いまでは江東・墨田・荒川・江戸川・足立各区の三九三工場に一日約六万四〇〇〇トンの工業用水を供給している。

城北地区でも工場地帯では地下水汲み上げが始まり、注意しだしたのは昭和三十年ころで、毎年地盤の沈下量がめだってきた。地下水脈は江東地区よりも上流に位置しており、城北地区で地下水の汲み上げをへらさない限り、江東地区の地盤沈下をくいとめることはできない。

城北地区の工場地帯で使用している冷却水は江東地区からするとずっと少ない。そのかわり原料用水・洗浄用水の占める割合が大きいことを考慮して、水源には利根川の水を利用することになった。

城北地区工業用水道は昭和四十六年四月から給水が開始された。原水は利根川河口堰と草木ダムで生みだされる利根川水系の表流水で、工業用水道三園(みその)浄水場（新設）で沈殿処理したうえ、城北地区の対象工場に供給することになった。いまでは北・板橋・葛飾・足立各区の三二八工場に一日約一一万四六〇〇トンの工業用水を給水している。

さて、話はかわって、昭和四十年の二月ごろのことであった。江東区南砂町(みなみすなまち)の木造平家建て都営住宅の人びとから「水が出ない」というつよい苦情がでたことがある。ここは海抜ゼロメートル地帯といわれる場所で、海に近く四〇戸ほど昭和二十四年から二十五年にかけて建築されたもので、ほこりっぽい平地に、もうかなり老朽化した建物であった。

水が出ないというのは、いちばん海寄りの一画で、約三〇戸ほどの家々であった。その一帯を見ると、どの家の庭にもドラムカンや貯水槽、水がめのたぐいが置いてあった。町内会の副会長の家などでは屋根の上に貯水タンクをかつぎあげてあって、水圧の高い夜間にためておくという。

午後一時をすこしまわった時刻だったが、水道の蛇口をひねってみると、出てきた水はエンピツの太さぐらいであった。

三〇戸のなかのある家では、午後からはいくらか水は出るようになるが、朝八時から十一時ごろまでがいちばん悪く、ちょっと天気がつづくと、冬なのに一滴も出ないことがちょいちょいある。四軒で一つの共同水道を使っているところでは、水ゲンカまでおきているそうだ。

いちばん海に近く、それだけ水道の本管から遠くてもっとも水の出にくい地域の人は、天気の良いときは洗濯ができない。で、雨の日に洗濯をして晴れるのを待っている、という。

この地区は数年前に水道管の整備拡充をやっている。そのときすぐ近くの大通り（公道）まで三〇〇ミリの鉄管を敷設した。その地点では水圧は一〇メートルあり、ふき上げる水の高さが一〇メートルということで文句のない状態だった。それなのに水洗便所はおろか、洗濯水すら出ないというのはどうしたことだろう。

じつは公道からはいった住宅の敷地内の水道管（個人で引いた管）に問題があった。この敷地には一〇〇ミリ管がタテに二本通っていて、問題の三〇戸付近はその先端の七五ミリ管で給水していた。都営住宅ができたころは共同水道だったからなんとかまかなえたが、ここ数年、各家庭でタコの足式にわっと自家水道を取りつけたものだから、水の出が極端にわるくなった。

過密都市東京ではこうしたことが「水が出ない」原因をなしていることがよくあった。

水道当局でできる仕事は公道までの配水で、それからの引き込みは家主さん（この場合は住宅局）の負担になり、この住宅地に埋めてある一〇〇ミリ管を二〇〇ミリ管に強化し、末端の出のわるい三〇戸の水道管はそれぞれ取り付け替えという根本的な改善を行うことによって、出水不良は解消した。

昭和四十年頃でも、水の出ない原因がこうした「タコ足配管」や「過密配水」によることが多くあった。なおこのほかにも「漏水」や「管の腐蝕」などが出水不良の原因をなしていたこともしばしばあった。

配水管内の水圧は十分あるのだが、そこから分岐して各戸に引いている給水管が口径過小、しかも遠距離のため、ピーク時には水の出がわるいというケースは、江東地区ばかりでなくどの地区にも多かれ少なかれ散在していて、これの解消工事が急ピッチで進められていた。

いま、本所から深川にかけて掘割が流れ、むかし江戸城に対して縦に流れるものを「竪川」、横に流れるものを「横川」と称した。今でもそのまま地名に残っている。ところで、江東地域内、ことに江東区では掘割（運河）とこれに架けられた橋が多い。その数は江東区内だけでも二〇〇橋を優に越えていた。それらの橋梁下には配水管を添架しているか、さもなければ別に水管橋を設けてあって、これらの維持管理にはとくに細心の注意が必要である。橋梁取り付け道路部分では、重量車のひんぱんな通行や地盤の不等沈下によって、思いがけない配水管の大事故を生ずることがあった。

また地盤沈下により、川の水面と橋梁との間隔がせばまってきているので、砂利船などのほさきが誤って添架管を損傷したりして、漏水の原因にもなっていた。東京湾より吹き上げる潮風のため、添架管や水管橋は腐蝕じやすく、塗装などの対策もなおざりにはできなかった。

また、地盤沈下でコンクリートの堤防は何回もカサ上げしてあるため、堤防に平行して埋設してある配水管や給水管の土冠りが、通常の三倍以上もの深さになっているところがざらにあった。

配水管の突発事故が起こると、その影響で不意に断水または減濁水する地区がでてくるので、関係住民には非常な迷惑をかける。そこでまず局の応急給水車が現地に急行し、給水活動を開始する。応急給水車と同時に緊急広報車も現地に飛び、地区住民にＰＲを行う。昭和四十一年七月から局に特別作業隊が設けられ、出先の支所・営業所の準備体制が整うまでの初期活動には万全がつくされるようになった。

ところで、江東・墨田・江戸川の三区は、このころから総合開発計画を太い軸にして、市街地の再開発が急ピッチで進められていた。やがて大きく体質が変わり、水道の給水計画にも大きな影響を生じてくる。とくに目立った特徴としては、

①工場疎開と高層団地住宅建設

江東地区は市街地の過密化、交通渋滞、さらに下町特有の地盤沈下などによる顕著な傾向として、まず、工場の疎開があげられる。そして疎開した工場跡地には高層団地住宅がさかんに建設された。下町の近代的な町づくりが活発化してきたのである。

とくに江東区には、一四階建てというような高層公団住宅や、入居戸数三五〇〇戸もの都営住宅がぞくぞくと新築された。また、既設の都営住宅でも従来、木造平家または鉄筋二階程度で老朽化したものを、鉄筋四～五階に改良、建て替えが行われ、これにより入居戸数も

ぐんと増加した。墨田区でも大規模工場等の疎開跡地に大規模な団地、マンションなどが建てられた。東洋紡工場跡には都営住宅一六八四戸、アサヒビール業平（なりひら）工場跡には住宅供給公社三六二戸、建設省関東地建跡には公団住宅六二七戸、都営住宅三六四戸、そのほかにも大規模集合住宅がいくつも建設されており、家事用水の増加量はかなりのところまで伸びていった。

工場であったころは工業用水道でまかなっていたものが、上水道（家事用）に切り替わっていくという現象が起こって、給水の需要増にかなりの拍車をかけることとなった。

最近（昭和五十六年）では、白鬚（しらひげ）東地区防災再開発事業としてつくられている高層住宅群が注目される。高さ四〇メートル、地上一三階、延長一・二キロという高層住宅群（一八七〇戸）は、まさに防火壁としての全容を隅田川ぞいにあらわしはじめた。

住宅の各部屋にはスプリンクラーがついていて、大火発生時にはシャッターがおりる、もちろん管理室からの遠隔操作によってである。さらにドレンチャー装置で七五分にわたりシャッターに放水できる。地下の最下層には容量三万トンの巨大な水タンク。また、防災面ばかりでなく、ここの居住者が快適な暮らしができるように、至るところに工夫をこらし、彩色などにも新しい実験が試みられている。

低い木造住宅や工場などが密集している江東デルタ側で大火災が発生したら、この高層住宅群が防火壁の役目をして火をくいとめる。内側の隅田川ぞいの広場九ヘクタールなどに避難民約八万人を収容できるという。

②埋め立て地の開発

東京湾の埋め立ても急ピッチで進められた。江東区はさらに南へ土地が伸びつつあった。七号埋め立て地には辰巳都営住宅の建設、港湾関連施設や避難場所などの公共用空き地として開発され、八号地は再開発移転用地などに、一四号地は夢の島公園、清掃工場、新木場木材団地などに開発されている。

とくに江戸時代以来、三百年の伝統を誇る深川木場は、現在（昭和五十六年）までに夢の島の一四号地の新木場への移転が大部分完了した。これまでの木場は東京湾の開発で前面がどんどん埋め立てられ内陸化してしまって、狭い運河をたくさんの業者が材木運搬するのが極めて困難になってきた。だいいち、地盤沈下で満潮時にはイカダが橋ゲタにひっかかってしまうし、干潮時には浅瀬にのりあげてしまう、といったことで、これでは貯木するにも材木運搬にも不便となったため、埋め立て地へ移転して、そこを木材団地とする計画がたてられたのである。

これまでの木場には一〇〇の製材業者、六〇〇の問屋、三〇の原木業者が集中し、木材関連企業を中心とした商工業と住宅が混在する市街地であった。新木場へ移転したあと、江東デルタ地区の防災拠点構想の一つとして都で計画されている木場再開発構想によれば、木場独得の掘割風景を生かした緑と水の昭和記念木場公園を中心に、中低層の耐火建築物と緑化地帯による防災都市に再開発するという計画で、住民の意向を尊重した新しい街づくりをめざしている。

③人口・住宅増にともなう新設給水栓の急増

江戸川区の体質も大きく変わろうとしていた。人口増加、生活向上にテンポを合わせ、総合開発計画を太い軸にして、巨大なエネルギーで動き始めようとしていた。

昭和四十二年ごろの江戸川区の人口密度をみると、一平方キロ当たり九五七四人と非常に低い。この時点で他の周辺区（世田谷・大田・練馬・足立・葛飾）にくらべても、一平方キロ当たりの人口密度は二三区内で最下位であった。それが四十三、四年ごろから人口が急増しだした。これにともなって給水管の新設工事が激増してきた。

余談ではあるが、古い土地の人にきくと、昔から江戸川区は土地が低いうえに土が豊富に得られなかったので、土地を手に入れると半分はそこの土を掘って残りの半分の方へ盛り土して宅地造成した。掘った方の半分は池にして蓮を植えておく。区内には蓮池があちこちに散在していた。

給水普及率九七・三％ということで普及度は少ない方ではないが、配水本管は勿論のこと、配水小管もまだ密には入っていなかった。区内のあちこちにまだ相当の空き地があった。しかも普及率が高いのは管内の地下水の水質が悪いので、小管から居住地区まで給水管で相当長い距離をひっぱって、さらにそこから分岐して多勢が使用しているといった実態が多く、これが出水不良の大きな原因となっていた。

ことに区内の南部地区（新川（しんかわ）南岸地帯約七六〇万平方メートル）は、ゴミゴミと建てこんだ住宅や工場群、白サギの舞うアシの原もあり、それに東京湾へのびる埋め立て地などがいりまじっていた。ここに健康な住宅地をつくろうと、そのころ都内では最大の規模をもつ土地区画整理事業が計画されていた。

計画によると、鹿骨(ししぼね)地区でみられたようなマッチ箱のような建築物による無秩序な市街地開発にならないように、碁盤の目のような整然とした区道をとおし、公園・遊園地・駅前広場をつくり、商店・住宅・工場街をはっきり区分して、公害のない住みよい町をつくろうという計画であった。区画整理事業にともなって、当然のことながら水道管の移設、新設が必要となり、しかも大規模な工事量が予想されていた。

江戸川地区のその後の発展には目をみはるものがあった。とくに葛西地区についてみると、昭和四十年代には葛西橋の架け替えとそれにつらなる放射二九号線等の幹線道路が整備され、京葉道路につぐ動脈となった。さらに四十四年に地下鉄東西線が開通し、急激なベッドタウン化を招来し、高層ビルが林立する葛西地区は、かつての漁村からニュータウン葛西として様相を一変した。

さらに葛西沖埋め立て開発、葛西地区および周辺の土地区画整理事業が進捗して公共施設も着々と整備されてくるにつれて、急激な人口増と水需要の増大がみられた。住宅の増加はかつて見ない地価上昇率を招き、市街地化は今や葛西周辺地域にヒトデ状に拡大している。

加えてこれまで大量輸送機関の恩恵をうけていない区中央部に都営地下鉄一〇号線が計画され、中央地区や東部地区の市街化に拍車がかかっている。こうした人口増、市街化の動きに連動して、水道の配水管網等の施設も拡張整備が進められている。新設給水栓も増加し、給水普及率は昭和四十八年度以降は一〇〇％に達しており、使用水量も毎年目にみえて増加してきた。

葛西沖埋め立て予定地を含む江戸川区全域を計画対象として、区当局が策定した長期総合計画「太陽とみどりの人間都市構想」が完成すれば、水需要増大の動向はさらに激しさを増してくることであろう。

## 六　新宿副都心計画による淀橋浄水場の移転

昭和四十三年十二月、私は住み慣れた下町の事業所から山の手の事業所に転勤となり、荷物をからげて赴任したときのことである。日本水道新聞のK主幹から電話で、「早速、いや、すかさずルポライターの依頼」がきた。変わりはてた淀橋浄水場のありし日をしのび、その変転、現代（未来）像などをルポ風にとらえてほしいとのことであった。着任早々でもあり、私は、はたと頭をかかえた。

私は、地盤沈下と騒音と煤煙の都市公害に悩む江東地区の給水を受け持つ東部第一支所で、下町特有の住民感情の中で暮らした三年間の水道生活が、まだ体中にべったりはりついたままだった。

紐でからげた引っ越し荷物をほどきにかかり、さてどうしたものかと一息入れながら、新宿副都心計画地域内にあるこの新任の西部支所の二階から、外を眺めた。窓外にひらける展望には、かつての広大な淀橋浄水場をしのばせるなにものもない。いたるところ赤土が露出した地肌と、これから掘削が待たれる雑草の生い茂った土地の起伏がひろがるきりで、あたかも西部劇にでも出てくるような、見渡す限りの荒野であった。

そして、この雑然とした光景を引き締めるように、都市計画街路が縦横に走っている。東西と南北に幅員四〇メートル街路を幹線として、三〇メートル街路、二五と一一メートル街路が配置されており、ある部分では高架道となり、立体交叉しているところもある。デラックスな自動車がその上を滑るように音もなく走っているのが見えた。

ここが、かつて三四万平方メートル（一〇万坪）もの膨大な敷地いっぱいに満々と水をたたえた池がいくつもあった淀橋浄水場の跡だとは、初めて見る人には容易に想像することもできないだろう。

新宿副都心建設計画に協力するために、淀橋浄水場の施設と機能は都下北多摩郡にある東村山浄水場に移され、関連工事もすべて完了した昭和四十年三月三十一日に公用廃止。そして、ここの跡地は新たに都の副都心を形づくるビジネスセンターとして生まれ変わることになり、東京水道の発祥の地である淀橋浄水場は、ここに六七年間の役割を全く完了したのであった。

同時に、江戸初期からずっと飲用水を供給しつづけてきた玉川上水も、そこからじかに取水していた淀橋浄水場がなくなり、こんどは上水路の途中、砂川地点から、東村山浄水場の方へ新導水路をつくって上水の水を導いてしまったので、砂川地先から下流の部分は玉川上水としての主目的を失ったわけである。したがって、江戸時代（一六五四年、承応三年）にできた西多摩郡羽村町から新宿区四谷大木戸まで延長四三キロの玉川上水路も、上流の一部を除いて、三百余年の長かった役目を終えたことになる。

着任の挨拶回りも終えて、やっと二階の自分の部屋に戻った。窓の外いっぱいパノラマのようにひろがる見慣れぬ異様な風景を眺めながら、ふと私は、はるか彼方の、甲州街道ぞいあたりにそびえる大きなガスタンクが眼にとまった。そしてその瞬間、はっと目覚めたように記憶がよみがえってきた。

戦後の約一〇年間、私はこのあたりの水道公舎に住んでいたことがある。いま見えるガスタンクは、ちょうどかつて眺めたのと同じ姿であるのに気がついた。

すでに公舎は取り壊され、どの辺にあったものか皆目わからなくなっていた。しかし、支所の裏手には昔ながらの警察署が建っており、水道用地との境界塀もまだ昔のままである。この支所は、むかし、浄水場ぞいの細長い用地にいくつもあった公舎の敷地いっぱいに建てられているはずであり、支所のすぐ裏には、朝晩くぐったことのある懐かしい通用門を支えるコンクリート塀の一部がまだのこっており、そこからの距離感で、私の住んでいたあたりがほぼ推定されてきた。

戦後の混乱期、復員してからここの公舎に住みつき、すぐ目のさきの浄水場のはるかさきに今みるのと全く同じガスタンクを、朝な夕な、どんなにかさまざまな感慨をこめて眺めてきたことだろう。

公舎と浄水場の間はイバラの垣根のある土手でさえぎられており、イバラのすき間からのぞくと、場内でやっている濾過池の砂削り作業が見られた。澄んだ水を張った濾過池も見えたし、芝生でおおわれた浄水池も見えた。春先には土手や浄水池の芝生にツクシ、スミレが芽を出して、かげろうが燃えた。そのうちにバッタやオートも現れてくる。夏の夕方には濾過池のあたりをトンボの大群が飛んだ。ツバメの群れも水面をかすめて飛んでいった。秋は澄んだ夜空の満月が素晴らしく、虫の音もにぎやかだった。ここで暮らしたかつての活気に満ちたころのことが、いま眼のあたりにありありと浮かんでくるのであった。

しかし、新宿駅西口近辺には、かつて想像もできなかったほどの高層建築がたちならんでいる。しかも眼の前いっぱいにひろがるこの浄水場跡地には、それらにも増して超高層ビル建設の青写真がつくられようとしており、その建設の地響きが目と鼻のさきまで押しよせてきているのだ。

明治四十四年に創設工事が全部完了して一日二四万トンの規模に増強され、以来、明治・大正・昭和の三代にわたって都心部への給水を担当する動脈源として、かつては東京の水道といえば、淀橋浄水場、玉川上水、羽村取入口と一連の合い言葉で都民に親しまれてきたのだが、今はもう淀橋浄水場は跡形もなくなってしまった。

変わり果てた淀橋浄水場――。

よく晴れた冬の午後、正確にいえば昭和四十三年十二月中旬のこと、私は淀橋給水所の職員の案内で、この見るかげもなくなった浄水場の跡地を、くまなく探訪してみることにした。案内係の一人には、かつてここの浄水場に二〇年近く勤続した人もまじっていたので、昔をしのびながらの話が聞かれることも好都合であった。

コースは水の導かれていた順をとることにして、まずガスタンク下あたりから始めた。ここには原水ポンプ所の形骸がまだ残っていた。和田堀からの水が開渠でとうとうと流れこんでいた原水路は、すっかり埋め立てられていた。

そこを起点として、昔の水路づたいに歩いてみたが、どこもみな舗装されていて、昔をしのぶものはなにひとつとして見当たらない。しかし広い沈殿池の跡に近づくと、切りけずられたコンクリート側壁の一部がむきだしで立っているところもあった。ところどころに枯れかけたススキがかすかに揺れていた。

池の水がまだ満々とたたえられていた頃、沈殿池には鴨が群れをなして、冬の訪れを知らせたものである。鴨は夜になると粕壁（かすかべ）方面へ餌をあさりに行き、昼間はここに来て避難していたそうで、まことに鴨にとって都心での恰好の待避所にちがいなかった。

春先になると、四面ある沈殿池を毎年一池ずつ汚泥掃除をした。四年に一度順番が回ってくる勘定だ。掃除がおわると鯉の稚魚を放流する。これが四年たつと一貫匁以上もの大鯉になっていた。汚泥掃除のときはこの鯉を捕獲して、さっそく「沈殿池鎮めの会」が始まり、当日は水道一家のあたたかい雰囲気の中で、ひとときのお祭り気分にひたったという。

きびすを転じて、半ば崩れかかった沈殿池の石積みの部分に近寄った。急勾配の斜面に精巧に積まれた石垣で、石と石との間には鉛を挿入し、さらに鉄のクサビを打ちこみ、粘土で固めてあり、明治期の人びとの入念な工法がありありとうかがえた。

沈殿池の底には、整流壁の役目をしていた幾本かのコンクリートの角柱が、間隔をおいて一列に並んでいた。しかしほとんどは無惨にも倒されている。

なおも新しく舗装された街路づたいに歩いて行くと、沈殿池の底の部分が崖のように切り

ありし日の淀橋浄水場全景

立っているところへ出た。一番下から広い赤土の部分、その上に漏水どめの粘土の部分、さらにその上には玉砂利まじりのコンクリートの部分と、正確に直線状の断層をなしていた。昔、器材もとぼしかった頃に、人力の限りをつくして施工された跡がまざまざとしのばれた。

沈殿池から濾過池への引き入れ口の跡も見える。コンクリートの柱などは、まだ壊してはもったいないくらいの立派な作りであった。水位をはかる標尺が、崩れかけた赤煉瓦にしっかと取り付けたままになっている。

そのころの淀橋浄水場では、降雨によって増水したり夕立による急激な濁度の変化などで、原水の処理作業がたいへんに不確定な作業になっていた。そのため多摩川本流の状況は羽村から淀橋に通報されて、増水や濁水が淀橋に到達するまでの時間を計算して準備にとりかかったものだ。羽村から淀橋までの時間を九時間とし、羽村より上流の場合にはこれに所要時間を推定して加算した。ごくまれに淀橋浄水場付近の玉川上水路あたりで豪雨があって、濁りがでた原水が不意にどっと押し寄せたようなときの原水処理は、まったく悩みのタネだったそうである。

その昔、この浄水場の創設時に、和田堀と淀橋浄水場の間が玉川上水路のかわりに、新設した導水用の台形開渠（新水路）で、そこを自然流下で浄水場に原水が流入していたころは、羽村の魚は、羽村の取入口から玉川上水路を通って浄水場まで直接に泳いでこられるようになっていた。このころよく多摩川の鮎の大群が四三キロの上水路を下って浄水場までやってくることがあった。この鮎を場内の池ですくったところ、パイスケ数杯に入れるほどもあったという。その後、大正十二年の関東大震災でこの新水路の築堤が破損して使用できなくなり、その代わりに甲州街道に二一〇〇ミリ原水管が新設されて、余水吐きポンプ所で原水をポンプ取水するようになってからは、ポンプの羽根が邪魔して生きた魚の姿は見られなくなったということである。

ここらで方向を転じて、新装なった淀橋給水所にむかう。新宿副都心建設にともなって、淀橋浄水場が昭和四十年三月末に廃止され、浄水機能は東村山浄水場の方へ併設されたが、その配水機能はこの副都心の中央公園地下に配水池と配水ポンプをもつ給水所として残されたものであり、都の水道の配水拠点としての絶好の位置は捨てきれなかったものである。東京の水道地図も着々と大きく塗りかえられていく。

配水池の上の公園にあがってみる。植え込みの間に噴水もあり、野外ステージや児童公園もあり、たくさんの人の散策する姿も見えた。

さらに面積も数層倍広くなっている方に眼を転じると、豊かな樹林にかこまれた中に噴水や池を設け、広場がいくつもあり、土地も高低の変化をつけた景観に富み、ベンチなどの休憩コーナーも散在している。関東の名木が到るところに植栽され、さながら森林公園といった観を呈している。

「あ、あれは浄水場から持ってきた木ですよ」

案内役のもと浄水場勤務の人が、懐かしそうに指さした。沈殿池のそばから移植した背の高いクロマツ、もと事務所前のクスノキ、ヒマラヤ杉などで、名前の判らない木があったが、あとで調べてもらったらブナ科のマテガシとわかった。これは濾過池のわきに一本ずつ植わっていた落葉しない木で、砂かき作業の合間にひと休みする時には必ずこの木の下に集まったものだそうだ。

濾過池の砂かき作業は、全員白足袋をはいてやらせた。外部からの下足は一切使わせず、必ず備え付けの白足袋にはきかえさせたものだ。これは濾過池内の汚れをすぐに発見できるようにと衛生的配慮から考えられたものだという。作業時間は朝から午後は三時ごろまで、工夫が白足袋をはいて砂を削りとり、筋骨隆々とした人夫がこれまた白足袋をはいて、天秤棒の両端に削りとった汚砂を入れたカゴをかつぎ、かけ渡してある分厚な歩み板をひょいひょいと巧みに調子をとって渡っていくのである。夕方になって水張りも終わると、あたりには人の姿も見えなくなり、静かになる。この白足袋も戦後は物資不足の故もあってか、姿を消してしまったそうである。

懐かしい六角堂が見えた。鉄筋コンクリート造り六角屋根の見晴らし台である。この六角堂のある築山は、四号沈殿池を新設したときに、その残土で作られたものといわれている。このへんでは最も高く、東京湾中等潮位四五メートル。はるか西空に富士山を仰ぐ見晴らしのきくところで、富士見台という名もついている。六角堂は補修はされているものの、淀橋以来のままの姿で残されている。昔はここで浄水場の見学者が場内の各施設を俯瞰しながら説明をうけたり、休憩所ともなったところだ。通路の飛び石には、浄水池の壁に使われていた明治三十年代の古い煉瓦が敷かれている。

すべては絶え間なく動いている。そしてひどく変わりつつある中で、私どもだけが昔の淀橋浄水場の追憶にひたりきっていることに、なにか宿命的なものを感じてきた。

東京の創設水道として、市民待望のうちにここの浄水場が通水開始してから、まだ半世紀もたたないうちに移転を要求されるようになったのは、このような広大な面積の都市施設が市街地の中心に近くあることが、地元の繁栄をさまたげるという理由からであった。

浄水場が建設された当時は、まだ近郊地帯の未開発地域だったものが、大正末期には新宿駅を中心として急激な発展を見せてきたため、大正十二年の関東大震災以後、まず地元の陳情による浄水場移転要請ののろしが上がり、移転問題が種々検討された。

昭和初期にも移転問題は再燃した。この頃から、戦後の新宿副都心建設構想と全く同じ東村山浄水場への移転という考えが顔を見せてくる。しかし、移転は具体化されなかった。

　戦後、三たび移転問題は起こった。新宿区が中心となってこれの促進が強く請願された。この浄水場跡地を中心に副都心を造成することは、一般都民生活にも大きな意義があり、都市構造を新しく方向づけるものとして都市計画の上からも積極的な意義をもってくる。ついに浄水場の移転は都議会の議決で確定した。そして首都圏整備構想の一環をなす新宿副都心計画にそって、いよいよ建設が進められることになり、財団法人新宿副都心建設公社も設立され、整地にとりかかった。浄水場跡地は一一区画として都水道局の手で土地売却がすすめられた。

　土地を入手した各社は、超高層ビル計画を練って、他に負けまいとしのぎをけずり、建設をはじめた。やがてこの副都心地区には、ニューヨークのマンハッタンにも似た超高層ビルが建ちならび、「新都心」が実現することとなる。

　私は、はからずもこの浄水場跡地わきにつくられた事業所で働くことになった。七〇年もの風雪に耐え、創業以来の東京水道のシンボルであった淀橋浄水場が、急速に副都心として変貌していくのを、毎日この眼でたしかめながら生活していくことになったのだが、ここには在任わずか二年で都心部の方の事業所に転任となってしまった。

　あれから一〇年――。

　新宿の空には、超高層ビル群が高くそびえ立っている。

　地上四七階のホテル、五〇階と五二階のオフィスビル、さらに五五階のノッポビルと、工事中の二本を含めて七本の超高層ビルが、かつての淀橋浄水場跡地内に集中して、寄りそうように並び立ち、さらに三本のビル新築も計画されている。この地区での一日の人の出入りは今は六万人ほどだが、あと二、三年もすれば、毎日一二万人以上にもなるという一大都市が現出する。

かつては青梅街道口に向かう角あたりに、明治末年以来の古風な浄水場正門が立っていて、門を入った前方奥には、こぢんまりとした木造平家建ての浄水場事務所が見えたものだが、今は全くちがう。

いまここらは小公園となっていて、昔の正門跡には東京水道発祥の地を記念した「淀橋浄水場跡の碑」が建てられている。そしてその前方の舗装道路をへだてた先には、幾何学的な造形美をみせた四三階建ての超高層ビルがうなりをあげて天空に高く突きささるようにそびえ立ち、そのてっぺんを見上げるにしても、上体をのけぞらし顔と頭をいっぺんに後方に押し倒すようにして仰ぎ見るしかない。

昭和五十四年の四月、私は都庁のテレビ番組で『水つくり今昔ばなし』（東京12チャンネル）にかり出された。快晴にめぐまれた土曜の午後であった。私に与えられた役割の一つは、ありし日の淀橋浄水場をしのんで、このビルとビルの谷間をそぞろ歩きすることだった。執拗に追いすがるテレビカメラを意識しながら、私は久し振りでこの新宿副都心街区を歩いたが、かつての広大な浄水場跡地は、一一の近代的街区と新宿中央公園に生まれ変わっており、昔をしのぶなにも湧いてこなかった。

やがてここに超高層ビルが最終構想どおり立ち並んだ暁には、想像以上の大空間都市が現実のものとなるだろう。

そのとき、果たして、夏場の需要期の給水はどうなるのか、汚水の処理は、さらに風害や電波障害にどう対処していくのか、そして日照などの環境障害にどう立ち向かっていくのだろうか、などという声が私の耳許でしきりに立ち騒ぐのを感じる。

しかし都市の高層化は現代文明の趨勢(すうせい)であり、かつての私どもの郷愁の地域が全く新しく生まれ変わろうとしているためにも、こうした諸問題がどれもこれもみんなうまく解決してくれるだろうことを、心から願わずにはいられない。

## 七　広域水道（三多摩水道の一元化）

昭和七年に行われた東京市の区域変更によって隣接の五郡八二ヵ町村が東京市に編入され、この地域に給水を行っていた一三の水道事業体は引き継ぎあるいは買収などですべて市に合併された。

それから四〇年たった昭和四十八年十一月、こんどは東京都の三多摩地区で小平市ほか三市の水道が都営水道に統合されたのを皮切りに、そのほかの三多摩各市町の水道も逐次統合がすすみ、昭和五十二年四月の青梅市の統合を終えて、現在までに二四の市町が経営していた水道事業が、それぞれ都営水道に一元化されている。

昭和七年以前の旧市域内を給水区域として始められた東京の水道は、二度にわたる合併によって、世界に例をみないほどの広大な給水区域をもつに至った。

これまでに至る経過について、概略をみていくことにしよう。

三多摩地区が急速に都市化してきたのは戦後のことで、それぞれの市町村の水道もこれにともなって急速に発展してきた。

戦前からあった公営の水道というのは、青梅市（昭和三年給水開始）と八王子市（翌四年給水開始）の二市だけだった。あとはみな戦後になってからのもので、立川市（二十七年給水開始）をはじめ、それ以後つぎつぎと水道事業が開始され、昭和三十年代にはほとんどの水道が創設された。都市化のすすみのおおよそがこれでわかるというものである。

日の出町に水道ができたのが昭和四十六年で、これで三多摩の三二全市町村（二六市、五町、一村）に水道事業がととのったことになる。

これらの水道の水源は、多摩川水系の河川水を利用しているところが一部あるきりで、ほかの大部分（八九％）は地下水にたよっていた。区部水道の水源の場合は、九九％以上が利根川や多摩川の河川水に依存しているのとは大きなちがいだ。

三多摩地区には、戦後、二十五年あたりから人口増加のきざしがあらわれている。東京都の二三区部のベッドタウンとして、それから約一五年たった時点の各市町の人口はほとんどが二～三倍は増加しており、小平・東村山・保谷の各市では四～五倍以上という異常な急増ぶりである。

はじめのうちは、どの市町でもどんどん井戸を掘って地下水を汲みあげてきたが、そのうちに掘っても水がでなくなった。既設の井戸の水位は年々低下してきた。地下水汲みあげによる地盤沈下と水質汚染という問題も生じてきた。

それでもまだ深井戸あるいは伏流水で間に合うところはあったが、団地などがつぎつぎとできて人口はますますふえてくるし、民間企業等の進出で掘り井戸の付近に無制限に深井戸を掘られる傾向もあって地下水位はぐんぐん下がっていく状態で、水源が地下水では近い将来に必ず行きづまりが予想されてきた。

しかし水源を確保するなどの問題はとても各市町の手におえるものではない。各市町がバラバラでこの問題にとりくむより、東京都が一体となって水源確保に努力する方が、より効果的ではないかとして、市町から水源確保についての要請、陳情が相ついで都に提出された。

そこで、切迫した多摩地区の水不足を解消し、将来の需要増にも対処するための対策検討が都と多摩地区関係市町の間ではじまり、「三多摩地区給水対策連絡協議会」が設置された。水道水源としては都の区部も苦しい。が、この話し合いの結果、市町の不足する水を都の事業として分水する計画がたてられた。

かねてから都は水不足解消策として利根川系拡張事業を実施していたが、四十年度からはじまる第二次拡張（二次利根）の中に、三多摩分水に必要な水量も含めることとなった。二次利根は水源を草木ダムと河口堰の建設に求め、朝霞浄水場の拡張、金町浄水場の改造、これに三多摩給水施設としての小作(おざく)浄水場の新設などが行われた。

分水される水も、市や町ごとの小規模な施設でてんでんに浄水して送るのでは不経済なので、都の浄水場で一括して浄水し、各市町の境界のところまで都の方で送水本管を引いていく。各市町では配水池や配水管などを建設して、都から「卸売り(おろしう)」された水を「小売り」する準備をととのえた。

四十五年度末までに分水施設を完成させ、正式分水は四十六年度からという目標をめざして工事は進められたが、水不足に悩む市町がでてきて目標年次まで待ちきれず、それぞれの受水施設のできたところから臨時分水することになり、東村山市がまず四十二月から分水をうけた。以後、分水対象市町は拡大して、ピーク時の四十八年度には二六市町と多摩ニュータウンの計二七事業体が分水をうけるようになり、これで水源的には各市町とも当面は一応確保されることになった。

多摩地区市町の不足水量を補う目的で開始されたこの臨時分水事業は、これから後にでてくる三多摩格差解消のための水道の広域行政面の施策として行われた水道の一元化という大きな目標達成までのつなぎという意味合いをもつようになってくる。

ところで、多摩地区の給水普及状態は、区部にくらべて相当遅れている。各市町では、配水管の布設計画は既成の市街地域を中心に立てられており、管網もまばらにしか入っていない。水道の利用可能地域に住んでいても、給水管を家まで引いてくるのに相当な遠距離となる場合がしばしばあった。

給水区域の周辺部といえば、たいてい配水管の末端になり、水の出も悪くなる。ところが道路ひとつへだてた隣りの市では、なに不自由なく水を使っている。各市や町ごとに水道が経営されているために、一方が水に困っても、水のある方からまわすことがなかなか厄介で、まったく融通がきかないというのが多摩地区の水道の実態だった。それに突発的な事故が起こったときでも、復旧や応急給水の体制もととのっていないから、お互いに助け合うこともできない。

さらに問題は、多摩地区の一般家庭の水道料金が、市町村ごとにまちまちであり、区部とくらべて割高であることであった。

……三多摩の水道問題は長い間の懸案で、（略）同じ東京都の中にいて料金の格差というのは、いちばん身に痛いところで、これは常に市民から指摘される。議会もこの問題を取り上げてくる。東京都の同じ都政の中で一四円という一般の小売り価格に対して、市町村の場合は一九円という卸し価格じゃないか。一九円で受けて、しかもこの処理費が一八〜一九円かかるわけですから、三五〜三六円でやらないとどうしても収支がつきません。そういう格差が非常に手痛いわけで、われわれとしても悩みの種であります。しかも料金を改正していきませんと、独立採算制ですから起債も認められない。体質改善をしないことには起債も認められないというようなせっぱつまった中で、体質改善のために料金の改正に取り組まざるを得ない。しかもそれは、（略）いまの状態では四年目、三年目にはこの料金改正をやって行かざるを得ない。（略）こういうような状況の中では、いずれ水道経営自体が行き詰まるであろう。……（昭和四十四年十月十三日東京都水道事業調査会における三多摩市町村水道問題協議会会長植竹八王子市長の発言要旨より）

水道料金ばかりでなく、工事の分担金の徴収や、新設工事、修繕などについても、費用や制度がみなまちまちで、区部との水道格差は大きかった。

都では臨時分水の形で一応不足水源については補ったものの、格差の問題は地域住民からつよく是正を要望されるようになり、これをうけて、昭和四十四年九月、三多摩市町村水道問題協議会から都知事に対して、「分水料金一立方米十九円を二十三区なみの十四円で三多摩の住民に供給できますよう引下げていただきたい」などの要望をふくむ格差是正等に関する陳情書が提出された。

都知事はこの対策として、高橋正雄九州大学名誉教授を代表とする「水道問題調査専門委員」（いわゆる高橋調査会）に格差是正の方策についての意見を求めた。

この高橋調査会はすでに昭和四十三年二月に都知事の諮問機関として設置されており、区部水道事業の財政健全化方策についての助言を行ったのち、ひきつづき多摩地区の水道問題についての調査、検討を精力的にすすめた。その結果、昭和四十五年一月、「東京都三多摩地区と二三特別区部との水道事業における格差是正措置に関する助言」というたいへん長い名前の助言が都知事あてになされた。

その骨子は、三多摩の水道も二三区の水道も都営水道として一つにして東京都水道局がやった方がいい、というのである。

助言の内容を少しくわしくみてみよう。

東京都は三多摩地区市町村営水道事業を吸収合併し、区部水道事業とともに一元的に経営することによって、水道事業における格差を解消する方途を講ずるべきである。なお、実施にあたっては、市町村の事情を個別に勘案して、段階的、漸進的に行うことを考慮すべきである。

というものであって、その論拠は、水道事業の一元化を三多摩の市町村が希望していること、都全体の水道事業を一体として運営することによって、長期計画が一元的につくられ、水源確保も一体となってとりくむ体制ができる。設備投資が合理化されて重複投資がさけられる。施設が一体化されれば渇水時や緊急時に相互融通ができて、需要者サービスが向上する、などの理由をあげ、吸収合併による都営一元化を助言したものである。

また、実施に当たってはけっして無理をしてはいけないというのが助言の趣旨である。そして、一元化は総合的にいろいろな事情を見合いながら、段階的に、しかも一元化という根本姿勢を失わずに、その達成へ向かっていかなければならないとされた。

この助言をうけて、昭和四十五年七月、水道局に多摩水道対策本部という水道の都営一元化をとりあつかう組織がつくられ、三多摩水道の施設の実体など、統合に当たって必要なことがらの調査や研究を綿密に行い、三多摩地区市町村の意向を十分尊重しながら、関係方面との話し合いが一年半もつづけられた。そして昭和四十六年十二月に「多摩地区水道事業の都営一元化計画」と「同実施計画」をまとめて発表した。

しかし、一元化実施は容易なことではなかった。各市町の実情を十分に考えたキメこまかな配慮が必要であった。水道の仕事をしている職員の問題、施設の引き継ぎ、市町が進めている拡張計画との調整など、一元化は東京都が押しつけるものではなく、統合の実施は市町住民の意思にもとづいて行われるものである。計画の実施に当たっては市町および住民の意向を十分尊重しつつ運用されなければならない。

こうして都と多摩地区の市町村会、各種団体とで具体的な実施についての協議がすすめられた。その結果、一部手直しの部分もあったが昭和五十年度計画完了を目途とする次のような実施計画が四十八年五月に決定された。

①都は多摩地区水道を統合し、都営として一元的に経営することによって、原水の確保を含む給水責任を負うとともに、水道料金その他の住民負担を区部と同一とする。
②都は統合市町地域の給水の改善を図るため、市町の既定計画を増強して、配水施設等の建設を行う。
③都は統合市町地域にかかる営業、給水装置、浄配水施設の管理及び小規模施設の建設等の業務を当該市町に委託する。

この実施計画は、③のとおり、直接市民に関係する業務はすべて市町に委託して、綿密な市民サービスの確保をはかったもので、いわゆる逆委託方式といわれるものである。

この計画をもとに、各市町からの統合の申し出にしたがって、個別に協議を重ねた結果、計画された三〇市町水道事業のうち、二四事業の都営一元化が完了した。統合経過は次のとおりであった。

第一次統合　四市（四十八年十一月一日）
　小平市、狛江市、東大和市、武蔵村山市
第二次統合　六市一町（四十九年六月一日）
　小金井市、日野市、東村山市、保谷市、多摩市、稲城市、瑞穂町
第三次統合　六市（五十年二月一日）
　町田市、国分寺市、国立市、田無市、福生市、清瀬市
第四次統合　三市（五十年九月一日）
　府中市、東久留米市、秋川市
第五次統合　一市二町（五十一年二月一日）
　八王子市、日の出町、五日市町
第六次統合　一市（五十二年四月一日）
　青梅市

残る未統合六市町（立川市、武蔵野市、三鷹市、昭島市、調布市、羽村町）は、内部の事情で計画期間中の統合は実現しなかったが、今後統合の申し入れがあればそのつど統合の時期、条件などを別途協議することになっている。遠からず都内全水道の一元化が期待されており、今回は当初からの計画的な設計による広域水道の効果をあげつつある。

集金人が回ると、行った先々で「間違いじゃないの?」といわれた。安すぎて、である。毎月の集金を隔月に切り替えたばかりで、その二ヵ月分が、以前の一月分よりずっと安いのだ。六月(注・四十九年)から多摩地区七市町の水道が、一元化対策の第二陣として都営に統合。一番高かった瑞穂町では、月十トンで三百七十円が百四十円になった。「水がまずくなった割り戻しか」という皮肉な声も。同町の水道は、四十五年まで全部地下水だった。その後しだいに、河川水を水源として都営水道からの分水と〝カクテル〟に。地下水の水位低下と地盤沈下対策のためだ。いまは七割を分水に頼る。冬冷たく、夏ぬるい。味が悪くなったうえ、カルキのにおいがする。「昔の水はよかったなあ」と、旧住民はだれもがいう。

東村山市の水道も、瑞穂町と同時に都営に一元化。(略)設備投資が人口急増に追いつかない。四十五～四十七年度には不良赤字がかさんで国から起債の承認を拒否された。水道管の埋まっていない公道が、同市内に延べ百キロもある。付近に家を建てる人は、自費で水道管のある遠くの公道から枝管をひいた。数十万円もかけたあげく、ようやく水はチョロチョロ。大もとの配水ポンプが貧弱で、末端の水圧が低いのだ。近くに水道管があっても、新規加入者は一万五千円の分担金をとられた。市には苦情の連続。「一元化が実現したときには、本当にホッとしました」と同市水道部長はいう。(一元化――都に頼る地下水対策　安くなったが味落ちる、昭和四十九年九月二十五日、朝日新聞『都市と水』より)

統合された多摩地区市町の水道は、創設された年代がまちまちなので、施設の規模もみないちようではないから、これらの水道施設を整備し拡充させるという仕事がのこっている。都では四次利根と多摩水道施設拡充事業によって、統合した地域内の給水普及率を向上させることと、市町の区域をこえた広域配水施設を整備して、地域内の配水の均霑（きんてん）化をはかっていくために、広域的な給水所や送水管などの基幹施設を建設しはじめている。

また業務の運営は、「逆委託方式」という新しい事務委託制度をとり入れた広域水道行政のもとに行われている。

かくして水源の確保、水道普及率の向上、給水系統の広域化による給水サービスの向上、そして水道料金などは区部と同じになり料金の格差も解消するなど、これまで細分化された事業運営による問題点が解消され、都全域と均衡のとれた広域水道として、ここに全国的にも注目されているユニークな広域的水道行政の第一歩が踏み出されたわけである。

最後に、昭和四十年暮れ、「新住宅市街地開発法」にもとづいて計画決定された多摩ニュータウンの水道事情についてしるしておこう。

多摩ニュータウンは東京の住宅難緩和のため、そして南多摩丘陵の乱開発防止のためにつくられた。その区域は、東西一四キロ（東京駅〜荻窪駅間にほぼ同じ）、南北二〜四キロ、総面積約三〇〇〇ヘクタール（約九〇〇〇万坪）という細長く広大な地域で、多摩・八王子・町田・稲城（いなぎ）の四市の各一部にまたがっている。

ニュータウンでは小・中学校を中心に二三の住区にまとめられている。道路はよく整備され、地区単位ごとに商店街、公園などもつくられ、また、ニュータウンセンターを設け、大規模な商業施設や、中央公園・中央病院なども整備されつつあり、多摩丘陵の自然との調和を配慮し、職住近接の機能をもった近代的都市をめざしている。

多摩ニュータウンの水道事業は東京都が担当している。ここの居住者に水道の水を供給する仕事や水質管理、料金徴収などは水道局多摩ニュータウン水道事務所が一手に受け持っている。

将来このニュータウンに人口三六万人、戸数約九万戸がすべて定着すると、一日一四万トン（霞が関ビルの約三分の一杯分）という大量の水が必要となる。四十六年三月に第一次入居が始まって以来、現在までにまだ計画人口の五分の一、約六万六〇〇〇人が入居しているだけなので、ここには水道局が実施している三多摩市町への分水事業の水が供給されている。

ニュータウン内のポンプ場、配水池の運営、操作はすべて水道事務所のコンピューターによって集中管理され、また昭和五十一年からは自動遠隔検針システムを取り入れ、自動的に家庭のメーターを読み取ることができ、いちいち各棟までメーターを見にいかなくても済む。また集金はすべて口座振替と納入通知によって各自が払いこむ仕組みとなっており、こうした省力化は、いかにも新しい時代の新しい都市にふさわしく、合理的な水道システムであろう。

## 八　水需要の抑制と新しい水源を求めて
### ――迫られる発想の転換、節水型社会の創造へ

この稿もようやく終わりに近づきつつある昭和四十七、八年ごろから五十年にかけて、水道史上に画期的なことが起こっていた。

水の需要は増大する一方なのに、肝腎の水源開発が遅れるというギャップを脱しきれず、東京の水道はいよいよ慢性的な水不足におちいる危機をはらんでいた。都は非常事態を切りぬけるため、昭和四十七年七月、「都民の水を確保するために」を発表して、緊急拡張事業などの実施を打ち出し、ひきつづき四十八年一月には「水道需要を抑制する施策（提言）」を発表して、水道の需要面にも新しい視点を向けるべく、都民に「水」に対する価値意識の転換を求めた提言がなされたのである。

当時は、わが国の経済はまだオイルショック以前の高度成長期のさなかであって、一日二〇万トン近い量の水需要が毎年ふえていた。一日の使用量が七〇〇万～八〇〇万トンになる日もそう遠くはあるまいというような状況にあった。拡張事業を強行して、水道の施設は需要にほぼ匹敵するほどの能力をもつまでにでき上がっても、肝腎の水源開発の方がいっこうに進まず、水の手当てが間にあわなかった。

ところで、三十九年の記録的な大渇水以後、しばらく水不足の声を聞かなかったが、それ

から八年たった四十七年の六月から七月にかけて、思いもかけなかった制限給水が都民をおどろかせた。さいわい七月の豪雨で制限は解除されたものの、この突然に体験させられた水不足の深刻さが、都民に不安をもたらした。このときに発表されたのが、さきの「都民の水を確保するために――水ききんに直面する東京」と題する報告書であった。

まったく夏の一時期のこととはいっても、雨の降らない日が二十日間以上もつづけば、すぐ渇水の心配となり、やがて制限給水に追いこまれるという状況は、どう考えても構造的なものときめつけてもよさそうである。

しかも、肝腎の水源開発は関係者によって努力はつづけられていても、ダム等の開発促進には水没住民の生活再建や水源地域の整備など、解決を要する問題が多くて、現状はなかなか進展していない。

なおまた将来にわたって、ダムの適地も不足してくるだろう。これから確実に増加するであろう水需要のすべてを河川開発のみに頼っていくことは、さきゆき全く不安なものとなってくる。

なんとか応急策を考えていかねばならない。それにには単に需要に追いつくように施設を拡張するだけではなく、あらゆる方法を考えて水需要の増加に歯どめをかけていこうということから「水道需要を抑制する施策（提言）」の発表となり、水は有限であることを認識し、思いきってこれまでの水の利用方法についての発想を転換し、節水型社会を定着させようというのが都の考え方である。

これまで、東京という都市構造の中で、水道の生成、発展をながながとみてきたが、その創設期や発展途上のある時期には、たしかに一般住民に対して水道の普及をはかることに専念し、懸命にＰＲしていたこともあった。

それが全国に先がけて水需要を抑制していかなければならなくなったのである。昭和四十八年当初の頃としては、抑制策を打ち出すことはたいへんな勇気と決断のいることであった。いわば革命的な提言だったので、水道法の精神に反するのではないか、とか、住民の付託にこたえようとしないのか、とかで風当たりは強く、全国的に大きな波紋を投げかけた。

しかしやがて迎えた第一次オイルショックをとおして、省資源、省エネルギー意識がひろがる中で、主として大口の需要を抑制すると同時に水のムダ使いをなくし、水危機に際しても飲料水を中心とする生活用水を優先的に確保していこうというこの基本的考え方に対する理解はしだいに深まり、この施策の実施は着実に効果をあげつつある。

それでは都の打ち出した抑制策の骨子についてみることにしよう。

その第一は、消費者が自主的な意志で水を節約して使っていくことである。日常、家庭や学校、事業所、ビルなどで、一人ずつが一日バケツ一杯の水を節約すれば、東京都区部だけで一日一〇万トンもの水が節減できることになるという。

Ｆさん（四〇）＝中央区・公団晴海団地＝が節水に挑戦したのはこの三月。自治会の会長にすすめられたのがきっかけだった。結果は、都のテレビ広報番組で放送されるという。奮闘が始まった。

全開にして使っていた水道の元センを三分の二に。台所や洗面所などのセンには「節水コマ」を取り付けた。水の勢いは落ちたが、それほど不便は感じない。夫と二人の子どもも協力してくれた。

だれもが思いつくのはフロの残り水の活用。洗たくや掃除ばかりでなく、水洗便所で流すのにも使った。用がすむと浴室に走り、バケツにくんで逆戻り。めんどうくさいが、がん張った。

「少しやり過ぎではないか」と、ひとにいわれた。今では、トイレでコックを押す。無理をしているつもりはない。が、使用量は月に十一、二トン。以前に比べれば、かなり少ない。「いい経験でした」とFさん。台所には、あのとき書いた紙が、いまも張ってある。「水を大切に」と、さりげなく。


（昭和四十九年九月二十三日、朝日新聞『都市と水』の「節水ママ」より）


豊島区のMさん（四一）の家ではフロを三、四回、たてなおして使う。はいる前に、シャワーで身体をよく洗い、タオルは絶対に湯舟に入れない。それでも夏など、やはり湯がややにおう。そこで、三回目には香りのいい入浴剤を入れる。「公衆浴場のことを考えれば、きたなくなんかありません」

万事この調子で、節水を心がけているのだが、五人家族で毎月の使用量が二十トン弱。

努力の割には、効果があがらない。原因は娘さん三人の洗髪水とにらむ。「オシャレで、みんな長くのばしているものですから」。Mさんは笑いながらいった。（前掲紙より）

都水道局では水の合理的使用の具体的な方法について積極的なPRを繰り返し、新聞・テレビ等マスコミ報道などによっても継続して行われ、これによって節水意識や自主的節水の定着をはかってきており、都民の水利用はしだいに節水型に向かってきつつあるとみられる。これによって配水量の売り上げは思ったより伸びず、水道経営上からみれば多少のマイナス面がでたというものの、相当に節水意識の効果をあげてきていると思える。

しかし永い間の慣習としていつでもふんだんに使えるという便利さ、快適さを身につけている中では、なかなか精神論だけでは全般的な目立った効果は期待できない。用水機器そのものを節水型に切りかえていくことが大切である。

都で開発された節水コマは着実に普及しており、その後も材質、性能の改良につとめ、現在の改良型節水コマは性能がいちじるしく改善された。このほか、用水機器のうち広く使われ、かつ用水量に大きな影響を与えているものは、水洗式便器と洗濯機である。これらの機器を節水型にして必要最小限の水で効果の得られるような構造等に改良し、普及促進がはかられているが、大便器などにはまだ研究開発の余地がありそうで、今後に期待がのこされている。

しかしどんなに節水効果のあがる機器や器具が開発されても、これが正しく使用されないと効果を減じてしまう。洗濯機の場合では、溜めすすぎなどにより節水効果のあがる洗濯方法についてなど、さらに広く一般にＰＲしていくことも必要であろう。

つぎに、水消費抑制策として、水道当局がとりうる措置として考えられるのが、料金体系の整備による需要抑制策である。一定水量をこえる水量については、料金の累進性を強化したいわゆる需要抑制型料金体系の採用である。

また一方では、水の有効利用に不可欠な漏水防止対策も忘れてはならない。漏水量を少なくすることは、新しい水源を得たと同じ効果をもつからである。

現在、都内に埋設されている水道管は一万七〇〇〇キロにも達し、地球の三分の一周を超える長さになっている。このなかには、明治・大正時代に布設されて、すでに五〇年以上もたっているものも含まれている。

しかも首都東京は、ケタはずれた交通量の増大、交通車両の重量化をはじめ、地盤沈下、そして他企業（ガス・下水道・電話・電気・地下鉄・高速道路・高層ビルなど）による大規模な工事がたえまなく行われている。こうした悪条件のため、水道管はたえず漏水の危険にさらされている。

漏水には地上漏水と地下漏水がある。地上漏水は発見されやすくすぐ修理されるが、地下漏水となるとなかなか発見しにくく、修理されない限りいつまでも漏水をつづけ、漏水の範囲も量もひろがってくる。漏水量としてあげられるものの大部分はこの地下漏水である。

さいきん、道路舗装の高級化や都市騒音などで、漏水箇所の発見がますます困難になっている。都ではこれまでも作業方法の改善、漏水発見器の開発などいろいろ工夫を加えながら、漏水の早期発見、修理の即応体制を強化し、多額の費用と多数の人員をつぎこんで、漏水率を低下させることにつとめてきており、抜本対策として、古い水道管の取り替え工事を計画的に行っていくとか、漏水パトロールの実施、漏水防止技術の改善に積極的に取り組んでいる。

つぎに、水道水の需要抑制策として、下水処理水の再利用と建物における循環利用という、雑用水道の導入がある。つまり上水と雑用水に分けて水を再生利用して使う方法で、利水方式の合理化という意味で画期的なものである。

この、水の再利用という発想は、水の需要がふえればそれだけ供給面を拡張していくという従来の手法だけでは、水資源の確保が困難となった状況から生まれたものといえよう。

水の需要の中で、飲用・炊事・洗濯・入浴などの生活用水や薬品の製造・加工用などのように、どうしても水道水が必要なものと、水洗便所用・掃除用・撒水用などのように、飲用水ほどきれいでなくても用が足りる雑用水と、大きく二つに分けることができる。この雑用用途に対して水道水以外の水を代替水として供給することで、水道水を節約していこうということである。

この考え方は、いわゆる雑用水道の構想として随分まえから検討されていたものだが、すでにある江東地区工業用水道を利用し、この水源である下水道処理水を再生した水を雑用水道として供給する計画がたてられ、昭和四十八年、工業用水道の利用者に支障を与えないという条件で、その一部が雑用水に転用できることになった。

東京の工業用水道は地盤沈下を防止する役割をになって昭和三十九年にできたものだが、公害規制の強化による工場の移転や下水道や工業用水道の料金上昇にともなう工場側の節水化対策などのために、昭和四十二年度をピークに需要が減ってきたのである。そこで供給能力の余裕を利用して工業用水道配水管路の沿線にある住宅団地の水洗トイレや、タクシー会社の洗車、清掃工場の冷却・洗浄などに利用されるようになり、現在は全体で一日一万二〇〇〇トン程度が供給されている。

「団地の入居説明会のときに、水洗トイレには、下水から再生した水が使われると聞かされましてね、そのときは、正直言って一寸複雑な気持でした。話には聞いていたものの水不足が口先きだけでなかったことの証拠をみせつけられた思いで、先行きの不安を感じましたよ。しかし、考えてみれば、飲み水と同じ水をトイレに流すなんてもったいないことですね」江戸川区の下篠崎団地に入居したKさんが当時のとまどいを話してくれた。

（『水道ニュース』昭和五十四年十月、東京都水道局）

この例は、雑用水道専用のシステムによるものではなく、すでにある工業用水道を利用した雑用水道であり、中水道と呼ばれるような雑用水の供給を専用とするものではない。

雑用水道による用水供給は、東京のような都市構造からみて都内全域に二重配管していくことは極めて困難である。そこで、これを補うものとしてビル用水や団地用水の地域的・個別的な循環利用がある。

昭和四十九年六月以来、使用水量の大きな大型建築物を対象にして、これらの建築物から排出する汚水等の排水を自家処理し、処理水を水洗便所用などに使用する、いわゆる循環利用が行われている。

循環利用を実施している主なものには、千代田区の大手町地区がある。ここでは東京消防庁・大手町センタービル・三井物産ビルが一体となって、ビルの冷暖房プラントの冷却塔排水と、洗面などの雑排水を再生処理して、水洗トイレ用水に使用している。

池袋副都心のサンシャイン60ビルでも、雑排水を再生して水洗トイレに使うための処理プラントが地下三、四階につくられており、また新宿副都心につくられた地上五五階建ての超高層ビル「新宿三井ビル」でも、将来の水不足に備えて、水の循環利用のための配管設備をほどこしている。最近のオフィスビルでの水洗トイレ用水は、全体の使用量の約三分の一程度だから、水洗トイレ用水だけに限って再生処理水を利用した場合でも、大きな節水効果がある。

さらに雑排水だけでなく、水洗トイレの排水まで処理する本格的な循環利用を計画したのが改築した警視庁新庁舎である。この新庁舎では一日一一〇〇トンの水が使われるが、このうちの三五％に当たる約四〇〇トンもの水が節約されるのである。

しかし、現在まで雑用水利用についての法制度が整備されていないため、ビルの建築主や

節水のポイント

所有者の自主的な協力を求めて循環装置の導入をはかっているのが実情である。今後、十分な節水効果をあげるには、法制度の整備、技術開発、コストの低下、管理する技術者の養成などを行って、循環利用を義務化する方向に向かわなければならないだろう。

もうひとつ最近の例では、水道局の営業所やＩＢＭのビルなどで、ビルの屋上で受けた雨水を利用しているケースもある。

こうした循環利用はまだその緒についたばかりで、膨大な水需要からみればごく少量にすぎない。しかしやがて確実に水不足の時代に向かっている情況の中で、こうした厳しい道もひとつの活路として歩まないわけにはいかないだろう。

一方、今後の水不足が予測される地域の水需給対策のひとつとして海水の淡水化がある。海水の淡水化はいま通産省で研究がつづけられており、大型プラントによる実用化への道を歩んでいる。しかし現在のところ都民の飲み水となるには、燃料の重油から出る公害の問題や、コストの面など、まだいくたの解決を要する問題が残されている。

ずっとまえに、政府の招きで来日したアメリカの三次処理水の権威ワインバーガー博士が、東京の水問題について、「これからは水資源不足に加え、公害による水の汚染もからみ、苦しい時代が訪れる。それに対処するには水の有効利用しかないのではないか」と東京の将来を暗示する発言をしている。

水の将来的危機に対処するのに、海水の淡水化あるいは水の有効な再利用に求めるにしても、これだけで首都における水問題が解決するものではない。水源地域や水域環境に対する困難さはあるにしても、水資源開発の積極的な促進が必要なことはいうまでもない。

さらに必要なことは、水はけっして無尽蔵にあるものではなく、限りある貴重な資源であることを十分理解し、節水をはじめ合理的な水の使用につとめるという意識が、すべての人びとに定着する省水資源型の社会――〝節水型社会〟の形成を目標としていかなければならないだろう。

# あとがき

日本の近代水道は、明治二十年に通水を開始した横浜水道にはじまる。つづいて函館水道が明治二十二年に通水を開始し、その後、長崎（明治二十四年）、大阪（同二十八年）、広島（同三十一年八月）、東京（同三十一年十二月）、神戸（同三十三年）、岡山（同三十八年）、下関（同三十九年）の各市の水道が逐次通水を開始し、それ以後他の各都市でもつぎつぎと完成していった。

これらの都市の中から、とくに東京をえらんで、その複雑多様をきわめた水道の変遷経過を、明治・大正・昭和にわたっての都市構造や生活空間とのからみ合いからとらえる作業を試みてみた。

とくに東京をえらんだ理由にはいろいろある。

東京はその前身である江戸の時代から、日本の政治の中心として、大規模な都市域の拡大と、これにともなう人口の急増で市街は繁栄した。この江戸の地域にははやくから、想像もしなかったような水利用の方法が考え出されており、独創的な工夫をこらした上水（水道）がつくられていた。水利用の上での厳しい規制や市民のモラルによって、この水道は管理されていた。

時代が変わり、水も都市も変わった。江戸は東京となり、明治以後、日本の首都として急速に発展し、江戸時代の木樋水道にかわる近代水道が設けられた。

この東京の地域は今日までに、たび重なる災害——震災、戦災、水害、異常渇水、地盤沈下などをひととおり体験してきた。そして都市域の広範囲な拡大は数度に及んでいる。

江戸時代、明暦大火後の市域拡大とこれにともなう上水道の拡張、関東大震災を契機とする昭和初期の隣接町村合併による大東京の出現、このときも将来水道拡張計画が立てられ実施に移されている。戦後は三多摩地区水道の一元化を指向する広域水道化など、東京の水道は一つ一つ試練をのりこえてきた。この間における市民生活とこれを支える水利用の実相には、想像しただけで興味しんしんたるものが感じられた。

私自身も、生まれるとすぐ家の事情で東京に育ち、関東大震災は神田で体験し、戦災は日暮里であい、戦中戦後を通じて東京の下町から山の手の新宿、杉並へと転々居所をうつし、東京の生活の中で水道とも永くつきあってきたことでもあるし、それに東京の水道が通水を開始して八十年余の歴史を経た中で、その半分近くもの間、都の水道局の一員として、どちらかというと都の水道史の中枢から半歩離れたような所で、いつも気をもみながら水道の実務にしたがってきた。

こうしたことから、随分早くから、江戸や東京の水道を考察対象として調べてきたが、これまでの水道史は供給側のみの見方を主とした記述が多かったようである。近代水道が住民にどう影響し、市民生活がどう変わってきたかなどの点で、供給側からばかりでなく、利用する側（一般庶民）をも重視した水道史が書かれるのを待ち望んできた。

こんど鹿島出版会の方から、主として水道の使用者側からみた水道の文化史を、エピソードを中心に事実をふくらませながら興味深くまとめることをすすめられたとき、年来の自分の考えを実行にうつす良い機会と考え、お引き受けしたわけである。

こうした本にまとめるまでに、先人の苦心になる多くの著書や論文を参考にさせて頂いた。その主要なものは参考文献として巻末に掲げておいた。また、たくさんの方々からの御協力もあった。とくに東京都水道局をはじめ日本水道協会などの方々から、有益な御教示や貴重な資料の提供など、格別の御協力を頂いた。ここに心からお礼を申しあげる。

なお、この本を書く機会をつくってくれたうえ、本の編集から刊行までに適宜有効なアドバイスではげましてくれた鹿島出版会の森田伸子氏をはじめ第一編集部の方々に対して、深く謝意を表したい。

昭和五十六年十一月

堀越正雄

# 参考文献

## 単行本

西山夘三『日本のすまい』1・2・3（一九七五〜八〇）勁草書房
内藤昌『江戸と江戸城』SD選書（昭41・1）鹿島出版会
佐藤志郎『東京の水道』（昭35・6）都政通信社
平井聖『日本住宅の歴史』（昭49・7）日本放送出版協会
正井泰夫『都市の環境』（昭46・12）三省堂
山鹿誠次『都市地理学』（昭39・4）大明堂
山鹿誠次『都市発展の理論』（昭40・10）明玄書房
大沢一郎・桜井省吾『台所・便所・湯殿及井戸』（昭2・9）汎工社出版部
村松貞次郎『日本の近代建築』（昭56・4）日本放送出版協会
小野基樹『水到渠成』（昭48・10）新公論社
岩崎瑩吉『深山橋』（昭36・12）自家版
小林重一『東京サバクに雨が降る』（昭52・11）自家版
扇田彦一『水道の意匠』（昭47・2）日本水道新聞社
國分正也『私の水道小史』（昭54・1）自家版
太田博太郎『新訂図説日本住宅史』（昭46・4）彰国社
平井聖『図説日本住宅の歴史』（昭55・7）学芸出版社
住宅史研究会編『日本住宅史図集』（昭45・5）理工図書
末石冨太郎『水資源危機』日経新書（昭53・4）日本経済新聞社

石橋多聞『飲み水の危機』UP選書（昭45・12）東京大学出版会
加倉井昭夫『日本の室内の空間』（昭43・10）主婦と生活社
柴田孝夫『地割の歴史地理学的研究』（昭50・3）古今書院
中村舜二『大東京綜覧』（大14・6）大東京綜覧刊行会
鈴木啓之『台所文化史』前編（昭34・11）東京図書出版部

『都政十年史』（昭29・3）東京都
『淀橋浄水場史』（昭41・3）東京都水道局
『東京都水道史』（昭27・10）東京都水道局
『明治大正図誌』第一巻東京㈠～第三巻東京㈢（昭53・2～54・3）筑摩書房
『日本地理大系』第三巻大東京編（昭5・4）改造社
『日本地理風俗大系』第二巻大東京編（昭6・10）新光社
『東京百年史』第一巻～第六巻、別巻（昭54・7～55・2）ぎょうせい
『東京市史稿』上水篇第一～第四、附図（大8・3～昭29）東京市役所
『都市構造と都市計画』（昭43・2）東京大学出版会

論文・資料

扇田彦一「東京の水道、技術の流れとその系譜」（日本水道新聞第一九六八号）昭53・11
佐藤忠「建築様式の近代化に伴う給水装置の諸問題」（『水道協会雑誌』第475号）昭49・4
渡辺保忠「東京の庶民住宅」明治・大正・昭和の長屋（いづみ一九五三年、六号）日本女子大学通信教育部

柴田徳衛「市民からみた都市の発達」ＮＨＫ市民大学叢書『都市と市民』の中の「都市の歴史と文化」（昭46・6）日本放送出版協会
高橋和俊「多摩地区水道事業の都営一元化について」（昭51・10）日本の水道鋼管第九巻第二号
高橋裕「現代における水問題とその展望」ジュリスト増刊総合特集№23『現代の水問題　課題と展望』（昭56・7）有斐閣
野津幹男「水の有効利用――東京都の場合」ジュリスト前出書
岡本昭一郎「東京の水を確保する――その対策と問題点」ジュリスト№513（昭47・9）有斐閣
高橋裕「水――いかにして確保するか――水不足の構造と転換の方途」（『世界』54年10月号）岩波書店
土本吉夫「東京都における広域水道事業経営」（『水道協会雑誌』第539号）昭54・8
蓑田倜「羽田の水舟」（「水道局報」昭和56年10月号）東京都水道局
蓑田倜「まぼろしの共用栓」（「水道産業新聞」昭56・5・28）水道産業新聞社
栄森康治郎「新聞にみる明治時代の東京水道」（「水道産業新聞」昭55・1・1）水道産業新聞社
平井聖「江戸の町と町屋」（『浮世絵に見る江戸の生活』昭55・10）日本風俗史学会
川北和徳「水資源対策」（『空気調和・衛生工学』第五四巻第九号）昭55・9

本書は、鹿島出版会より一九八一年に刊行された
『水道の文化史』を改題、文庫化したものです。

堀越正雄（ほりこし　まさお）

1916-2000。千葉県生まれ。明治大学専門部地理歴史科卒業。東京市水道局勤務。『東京都水道史』『淀橋浄水場史』など編纂。日本水道協会特別会員。著書に『日本の上水』『井戸と水道の話』『水談義』、詩人・祝算之介として『竜』『鬼』『亡霊』など。

講談社学術文庫

定価はカバーに表示してあります。

江戸・東京水道史（えど・とうきょうすいどうし）

堀越正雄（ほりこしまさお）

2020年9月9日　第1刷発行

発行者　渡瀬昌彦

発行所　株式会社講談社

東京都文京区音羽 2-12-21 〒112-8001

電話　編集（03）5395-3512

販売（03）5395-4415

業務（03）5395-3615

装　幀　蟹江征治

印　刷　株式会社廣済堂

製　本　株式会社国宝社

本文データ制作　講談社デジタル製作



ISBN978-4-06-520922-6

# 「講談社学術文庫」の刊行に当たって

これは、学術をポケットに入れることをモットーとして生まれた文庫である。学術は少年の心を養い、成年の心を満たす。その学術がポケットにはいる形で、万人のものになることは、生涯教育をうたう現代の理想である。

こうした考え方は、学術を巨大な城のように見る世間の常識に反するかもしれない。また、一部の人たちからは、学術の権威をおとすものと非難されるかもしれない。しかし、それはいずれも学術の新しい在り方を解しないものといわざるをえない。

学術は、まず魔術への挑戦から始まった。やがて、いわゆる常識をつぎつぎに改めていった。学術の権威は、幾百年、幾千年にわたる、苦しい戦いの成果である。こうしてきずきあげられた城が、一見して近づきがたいものにうつるのは、そのためである。しかし、学術の権威を、その形の上だけで判断してはならない。その生成のあとをかえりみれば、その根は常に人々の生活の中にあった。学術が大きな力たりうるのはそのためであって、生活をはなれた学術は、どこにもない。

開かれた社会といわれる現代にとって、これはまったく自明である。生活と学術との間に、もし距離があるとすれば、何をおいてもこれを埋めねばならない。もしこの距離が形の上の迷信からきているとすれば、その迷信をうち破らねばならぬ。

学術文庫は、内外の迷信を打破し、学術のために新しい天地をひらく意図をもって生まれた。文庫という小さい形と、学術という壮大な城とが、完全に両立するためには、なおいくらかの時を必要とするであろう。しかし、学術をポケットにした社会が、人間の生活にとってより豊かな社会であることは、たしかである。そうした社会の実現のために、文庫の世界に新しいジャンルを加えることができれば幸いである。

一九七六年六月

野間省一

## 日本の歴史・地理

西川　誠著
**天皇の歴史7　明治天皇の大日本帝国**

明治天皇は薩長の「操り人形」だったのか？　幕末の混乱の中で一六歳で皇位に就き、復古と欧化を決断した帝は、ついに国民の前に姿を現す。国家とともに成長し「建国の父祖」の一員となった大帝の実像。

2487

加藤陽子著
**天皇の歴史8　昭和天皇と戦争の世紀**

一九〇一年、明治天皇の初皇孫として生まれた迪宮裕仁は、生涯に三度、焦土に立つ運命にあった。昭和の戦争は、平成の天皇に何を残したのか――。戦後昭和から平成までの「象徴天皇の時代」を大幅加筆！

2488

小倉慈司／山口輝臣著
**天皇の歴史9　天皇と宗教**

天皇とは、神か、祭祀王か、仏教者か。伊勢神宮と大嘗祭の起源、神祇制度の変遷など、知られざる側面を探究。古代の祭りから、仏教に染まった中近世、現代の宮中祭祀まで。皇族に信教の自由はあるのか？

2489

渡部泰明／阿部泰郎／鈴木健一／松澤克行著
**天皇の歴史10　天皇と芸能**

天皇家の権威の源泉は、武力でも財力でもなく、「芸能」にあった。和歌・管絃を極め、茶の湯や立花に励み、和漢の学問と文化の力で一五〇〇年を生き延びてきた天皇の歴史から、日本文化の深層が見えてくる。

2490

石井寛治著
**明治維新史　自力工業化の奇跡**

倒幕を果たした維新の志士と産業の近代化に歩みだした豪商農を支えた「独立の精神」。黒船来航から西南戦争まで、新しい国のかたちを模索した時代を政治、社会、経済、産業と立体的な視点から活写する。

2494

織田武雄著
**地図の歴史　世界篇・日本篇**

文字より古い歴史をもつと言われる地図には、人々の世界観が描かれる。人類はどのような観念を地図に込め、現実の世界とつなごうとしたのか。数多のエピソードと百六十点超の図版で綴る、歴史地理学入門書。

2498

《講談社学術文庫　既刊より》

# 自然科学

## 図説　日本の植生
沼田　眞・岩瀬　徹著

植物を群落として捉え、長年の丹念なフィールドワークをもとにまとめた労作。植物と生育環境の関係に視点を据え、群落の分布と遷移の特徴を簡明に説いた入門書で、日本列島の多様な植生を豊富な図版で展開。

1534

## 医学の歴史
梶田　昭著（解説・佐々木　武）

盛り沢山の挿話と引例。面白く読める医学史。絶えざる病との格闘。人間の叡智を傾けた病気克服のドラマとは？　主要な医学書の他、思想や文学書の文書まで自在に引用し、人類の医学発展の歩みを興味深く語る。

1614

## 牧野富太郎自叙伝
牧野富太郎著

植物分類学の巨人が自らの来し方をふり返る。幼少時から植物に親しみ、独学で九十五年の生涯の殆どを植物研究に捧げた牧野博士。貧困や権威に屈せず、信念を貫き通した博士が、独特の牧野節で綴る「わが生涯」。

1644

## 不安定からの発想
佐貫亦男著

ライト兄弟の飛行を可能にしたのは、勇気と主体的な制御思想だった。過度な安定に身を置かず、自らが操縦桿を握り安定を生み出すのだ、と。航空工学の泰斗が現代人に贈る、不安定な時代を生き抜く逆転の発想。

2019

## 天災と国防
寺田寅彦著（解説・畑村洋太郎）

地震・津波・火災・大事故・噴火などの災害についての論考やエッセイ十一編を収録。物理学者にして名随筆家は、平時における天災への備えと災害教育の必要性を説く。未曾有の危機を迎えた日本人の必読書。

2057

## 東京の自然史
貝塚爽平著（解説・鈴木毅彦）

大地震で数ｍも地表面が移動する地殻変動、一〇〇ｍ以上もあった氷河期と間氷期の海水面の変化……。百万年超のスパンで東京の形成過程を読み説く地形学による東京分析の決定版！　散歩・災害ＭＡＰにも。

2082